U0390705

曾宪宝　王小周

李　娜　著

荷莲
文化漫步

华中科技大学出版社
http://www.hustp.com
中国·武汉

文化及荷莲文化小议

　　"文化"是一个极其抽象、宽泛、宏观的概念，从任何角度解释它都将是一个庞杂的指涉，很难将其含义阐述清楚。不少学者对"文化"概念进行了定义，但却众说纷纭。有人统计，从 20 世纪 50 年代至 80 年代，"文化"的定义竟多达 250 多个！但国内外众多辞书或百科全书中有个较为统一的解释：文化是人类所创造的物质财富与精神财富的总和。该定义较为简明扼要，但其概念太过抽象、笼统，其后需附加较详细的注解，方可稍为理解、明了其主要内容。

　　"文化"二字，就字的释义来说，"文"就是记录、表达和评述，"化"就是分析、理解和包容。　文化的特点是：有历史，有内容，有故事。姚文放等在较详细地解释"文"和"化"的字义之后认为："'文'、'化'二字合在一起，铸成'文化'一词，其意是指人类通过自己的活动使事物的性质和状态发生合乎规律、合乎需要的变化，这一变化过程及历史成果即为文化。"他认为，"文化"的概念大致包括人化、教化和美化三个层次。这三个层次揭示了文化的动态性、过程性和整体性，接近中国文化的本质。

依上所述，我们可将"荷花文化"引申定义为：人们对荷花的记录、表达和评述，以及分析、理解和包容，即人们对荷花物质功用、精神内涵的全面认识理解，对荷花的应用过程及历史成果。

荷花是自然界中的生物物种之一，是 30 余万种高等植物、4000 多种观赏植物之一，在 30 多年前被确立为中国十大传统名花之一。它的"文化"光辉，似乎在植物文化、中国花文化中显得格外璀璨！

有学者从精神、伦理的角度理解、分析自然生物，认为所有的动植物都是有感情、有精神的物质。"览百卉之英茂，无斯花之独灵"、"人看花，花看人。人看花，人消隐到花里边去；花看人，花消隐到人里边来"。荷花被认为是具有灵性的，它在给予人们以物质功用的同时，给予人们精神慰藉，道德及智慧以感悟。荷花"物化"了中国人，同时中国人也"人化"了荷花。其中，后者的历史甚为久远，内容广博而深邃。在长期的"物化"、"人化"的历史进程中，人们也不断地将自己的主观因素——思想、情感、心境、意志、愿望等，深深地渗透进了荷花，使荷花由原始之"朴"，渐渐演变成人化之"器"。荷花成为具有中华民族特色的"文化植物"。并形成了光辉灿烂的荷花文化！

笔者是一名长期从事园林植物应用研究的"城市农民"，近20年主要在荷花的栽培、育种方面做了些许事情。因与荷花接触较多，所以对荷花有种不易言表的情愫。但这"情愫"只是一种表面的感性。因作者是"泥腿子"，不是文化人，不敢妄谈"文化"、"荷文化"，故只能在相关书报杂志、网络上努力搜寻相关知识。经过遴选、抄录，偶尔添上浅陋的只言片语，历时近 5 年才完成拙作，名曰"荷莲文化漫步"，实则"慢步"了！

不揣浅陋，望读者批评指正。

目录

第一章 荷之名

种名简辑

市川桃子在研究了中国荷莲文化史后认为：莲花、芙蓉、荷花、藕花、菡萏是中国古典诗歌中荷花的总称。"荷花""菡萏"在《诗经》中就出现了，后在汉赋中也出现过，但其后一段时间内消失，其中，"荷花"从六朝的梁代又开始出现在诗中，"菡萏"从三国时期的魏开始再次出现在诗中。"芙蓉"出现在战国末期的《楚辞》中，后作为文学词语一直被应用得最多。"莲花"出现在汉代，在中国诗歌中"莲花"出现的频率仅次于"芙蓉"。"藕花"出现在中唐。

荷花的名称、别名及各个部位的关联词在我国文学艺术中留下了深刻的印迹，产生了极其深远的影响，直到今天，还在影响着人们的经济、文化生活。孔德政统计了几个主要搜索引擎网站上有关荷花的相关名称的搜索频率，详见表1。

表 1　荷花的 13 个名称在主要搜索网站上出现的频率（2011 年）

	百度	有道	搜狗	谷歌
莲花	100,000,000	18,200,000	7,771,869	55,900,000
荷花	64,900,000	6,340,000	3,460,750	19,100,000
莲子	30,100,000	2,710,000	2,044,270	11,900,000
莲藕	16,400,000	1,320,000	893,966	25,700,000
芙蕖	2,520,000	169,000	217,535	345,000
水芙蓉	1,000,000	109,000	261,440	2,880,000
菡萏	3,770,000	252,000	289,963	692,000
水芝	261,000	209,000	50,974	—
泽芝	169,000	8,040	12,799	2,600,000
净友	163,000	—	5,495	—
静客	306,000	9,060	3,055	—
水旦	80,700	4,930	5,426	51,100
六月春	75,200	4,670	4,288	—

　　由表可知："莲花""荷花"出现的频率最高，远远超出了其他名称，说明在大众心目中荷花最主要的功用是观赏。

　　荷花为莲科、莲属植物。其常用名为"荷花"，而在园艺应用中多称"莲花"。据史料粗略统计，荷花别名有 100 多个，可能是所有观赏植物中别名最多的种类。蔡曾煜曾撰文《荷名考》，共列举了 53 个荷名，并进行简释。陈旸根据史料总结出 110 多个荷花名称，并将其分为总名、根茎名、叶名、花名、果实名等五类进行了辑释。现将上述成果简辑、摘录部分如下：

总名

荷

《诗经·郑风·山有扶苏》曰:"山有扶苏,隰有荷华。"这里"扶苏"指桑树,"荷华"即荷花。《诗经·陈风·泽陂》曰:"彼泽之陂,有蒲与荷。"我国第一部词典《尔雅》对荷的解释谓:"荷,芙蕖。其茎茄,其叶蕸,其本蔤,其华菡萏,其实莲,其根藕,其种菂,菂中薏。"《尔雅》注明了荷的全部器官名称,荷是总称。

茄荷

茄荷指伸出水面的荷,包括荷梗、荷叶与荷花。《本草纲目》中对"荷叶"的解释为:"出水者茄荷。"《楚辞·招魂》曰:"芙蓉始发,杂茄荷些。"柳宗元《芙蓉》诗云:"茄荷料难比,反此生高厚。"唐代杜衍《莲花》诗云:"凿破苍苔作小池,茄荷分得绿参差。"说的都是水面上的荷花与荷叶。

芙蕖

西汉毛享在其著作《毛诗古训传》中注释《诗经·泽陂》的诗句"有蒲与荷"时曰:"荷,芙蕖也"。《群芳谱》称:"花已发为芙蕖,未发为菡萏。"《尔雅》亦释:"荷,芙蕖。"芙蕖应为荷的总称之一。

芙蓉

《尔雅·释草》解释说:"荷、芙蕖,别名芙蓉,亦作芙蓉。芙蓉之含敷蒲也。"意为荷花繁殖衍生能力极强,生长极其茂盛。李时珍也说:"芙蓉,敷布容艳之意。"

芙蓉亦指已开的荷花。《说文解字》中说："芙蓉花未发为菡萏，已发为芙蓉。"《楚辞》中有诗句："制芰荷以为衣兮，集芙蓉以为裳。"都是指的荷花。

夫蓉

"夫"古通"芙"，"夫蓉"即"芙蓉"，指已开的荷花，亦作荷花的总称。

水芙蓉

即荷花。《广群芳谱》载："荷花亦称芙蓉、水芙蓉。"

草芙蓉

即荷花。《广群芳谱》："荷花为芙蕖花，一名草芙蓉。"

莲

"莲"原指荷花所结之子和莲蓬，是荷花别称中用得最多的名称。《尔雅·释草》中曰："荷，芙蕖……其实莲，莲谓房也。"《说文解字》云："芙蕖之实也。"郭璞云："莲谓房者，房即其壳，此户相连，莲之犹言连也。"《古乐府》有诗句："江南可采莲，莲叶何田田。""采莲渚，窈窕舞佳人。"其中的莲都指莲蓬和莲子。

到南北朝时，"莲"开始指荷花及全株。如梁武帝萧衍《子夜·夏歌》："江南莲花开，红光照碧水。"梁元帝萧绎《折杨柳》："山似莲花艳，流入明月光。"指的是莲花或全株。其实在汉晋后期，"莲"与"荷"就通用了。

藕花

即荷花，谓由藕所发之花。唐代张籍《送从弟之苏州》诗："夜月红柑树，秋风白藕花。"宋僧道潜《临平道中》诗云："五月临平山下路，藕花无数满汀渚。" 许多诗词中，都以藕花作荷花。

水目

荷花之别名。崔豹《古今注》中解释："芙蓉，荷花，一名水目，一名水芝，一名水花。"

水芝

荷之别称。隋代陈羽《夏日宴九华山池赠主人》云："百花开尽水芝香。"鉴湖女侠秋瑾《独对次清明韵》诗曰："喜散奁资夸任侠，好吟词赋作书痴。浊流纵处身原洁，合把前生拟水芝。"这些诗文中的"水芝"，都是指荷花。

水花

宋代朱熹有诗曰："共怜的皪水花净，并椅离披风盖凉。"

水华

"华"古通"花"。李时珍《本草纲目》"莲花"释名："芙蓉、芙蕖、水华。"

水宫仙子

宋代张耒《鸡叫子·荷花》有："平地碧玉秋波莹，绿云拥扇轻摇柄。水宫仙子斗红妆，轻步凌波踏月镜。"形容荷花亭亭玉立于水面，好似仙女莲步轻移，款款而行。

玉芝

《本草经》载："荷花又名玉芝。"

灵草

三国时期，曹植《芙蓉赋》："览百卉之英茂，无斯草之独灵。"极言莲花之灵气。闵红《芙蓉赋并序》："乃有芙蓉灵草，栽育中川。"称莲为"灵草"。

六月花

民间将各月盛开之名花，按月排列，荷花盛开于六月，故称为"六月花"。

净友

又称"净客"。明代都印《三余赘笔》载，宋代曾慥（端伯）择十种花为友，并各赋以雅号，称为"花友"，其中荷花洁净不染，故称为"净友"。

花净

"花净"是西夏文对汉文"莲花"的翻译，意即净花。从"花净"一词可见，西夏人在将汉语"莲花"一词译为西夏文时，是根据莲花所体现出来的洁、净这一特性而翻译的。

玉井花

华山顶上有水池名"玉井"，《华岳东》载："峰顶有宫，宫前有池，名玉井，唐人称玉女洗头盆，生千叶白莲，相传食之能成仙。"道家以此作为莲花之来源，称其为"太华山头玉井莲"。

君子花

北宋周敦颐著《爱莲说》，谓"莲"为花中之君子，故"莲"又称"君子花"。

解语花

原指杨贵妃。唐玄宗曾指贵妃示于左右曰："争（怎）如我解语花。"唐明皇把杨贵妃比作会说话的莲花，后人们便用"解语花"代指荷花。

菩萨华

佛教称花瓣多达千瓣的莲花为"菩萨华"，这是佛教最尊崇的莲花，即所谓佛国莲花，也就是佛教的象征。因千瓣莲花象征佛，后来人们便将所有莲花都作为佛的代表，故称莲为菩萨华。

七宝莲华

汉译佛经中对七种莲花的总称。"七宝莲华"中只有两种是现代分类中的莲花，即红莲与白莲，其余五种皆指睡莲。但佛教徒们习惯统称为"七宝莲花"或"宝莲花"、"妙宝莲花"。

钵头摩花

梵语音译的佛教名称，又作"特摩华"、"钵头摩华"，意译作"赤莲花"、"红莲花"。

藕莲

以食用藕莲为主的莲品种的总称，其藕肥嫩质优，藕莲子则颗粒较小而不够粉糯。

花莲

以欣赏为主的莲品种的总称，其花硕大而艳丽，花色、花型丰富，品种繁多。

子莲

以生产莲子为主的莲品种的总称，其花色、花型比较单一，其藕的质量、株型大小、叶色深度均不及藕莲。

除以上所列名称，荷花还有很多其他名称，在此无须全部照录或赘述。以下四类（根茎名、荷叶名、花之名、果之名）仅辑录其名，不再释明其来源。

（1）根、茎名

藕、蔤、莲鞭、灵藕、灵根、玉节、玉臂、玉臂龙、玉臂腕、玉笋、雨草、光旁、省事三、藕丝、藕肠、藕节、荷梗等。

（2）荷叶名

蒩、蕸、芰茄、荷叶、莲叶、荷钱、青钱、藕荷、翠盖、青盖、绿盖、雨盖、荷衣、荷蒂、荷鼻、风盖、碧圆、荷衣等。

（3）花之名

菡萏、细房、红莲、红妆、白莲、素妆、青莲、百叶莲、千叶莲、千叶白莲、人华、天华、并头、并蒂莲、合欢、同心莲、四面观音、金边、瑞莲、嘉莲、莲须、佛座须、一品莲、容华等。

（4）果之名

莲房、莲蓬、茄房、莲子、莲实、藕实、菂、的、紫菂、薂、黄螺、玉蛹、湖目、水芝丹、石莲子、壳莲、莲肉、红莲子、铁莲子、白莲子、通心白莲、莲芯、薏、莲薏等。

品名赏析

据粗略统计，目前中国荷花品种有 1200 多个，这些品种风姿各异，色彩纷呈，育种者给每个品种都取了美丽动听的名字。例如，传统名品有：花瓣达数千枚的"千瓣莲"；花中孕花的"重台莲"；花色红、白、绿交相辉映的"大洒锦"；沉睡千年的"古代莲"等。更有风姿绰约的荷品新秀，如天然三倍体的"艳阳天"；鲜艳欲滴的"红牡丹"；玉洁冰清的"白雪公主"；色妍姿丽的"睡美人"；娇小玲珑的 "小精灵"、"秦淮白玉"、"红精灵"等。还有以美洲黄莲为亲本培养出的珍贵黄色精品如"金太阳"、"友谊牡丹莲"等，间色品种如"红唇"、"风彩"、"蝶恋花"、"翠盖华章"等。

荷花品种不仅艳丽动人，其品种名称亦蕴含诗情画意。"小天使"、"艳阳天"、"红太阳"、"金太阳"、"佛手莲"、"金凤展翅"、"杏花春雨"、"天高云淡"、"夕阳红"、"娇容三变"、"秋水长天"、"上林春色"等。读起来朗朗上口，情在意中，意在言外，情意交融，含蓄不尽。使人读其名、会其意、知其花，既增长知识，又获得美的享受。

《中国荷花品种图志》和《中国荷花新品种图志Ⅰ》中共载有810 多个荷花品种，其中近 1/4 为张行言先生命名。这些品名中有很多名称词明意美、韵味无穷，现仅摘录如下寥寥数个供赏析：

"好景"

该品种花瓣基部橘黄，上部白色，花托和心皮变瓣为绿色。苏轼《冬景》诗中有句"一年好景君须看，最是橙黄橘绿时"。当你见到橙黄橘绿的景色，便会联想到该品种花朵的特有形象美，故以

"好景"命名。

"花弄影"

该品种花瓣扭曲，花姿飞舞。张先《天仙子·送春》词中有"云破月来花弄影"句，取"花弄影"命名该品种，描绘了花的形象，又平添了几分浪漫。

"风卷红旗"

该品种为江西广昌白莲研究所育成，花色红艳、花瓣大而飘逸，似风中飘扬的红旗。因育种地在广昌，故取毛泽东词《减字木兰花·广昌路上》"风卷红旗过大关"中前四字为该品种命名。

"舒广袖"

该品种花瓣轻薄、素雅，随风舞动。毛泽东《蝶恋花·答李淑一》中有"寂寞嫦娥舒广袖"句。取"舒广袖"命名，既刻画了花的动态感，又与广寒宫嫦娥轻袖曼舞的浪漫情景相联系，耐人遐想。

"楚天舒"

该品种花态呈杯状，花色洁白，花姿舒展。毛泽东《水调歌头·游泳》词中有"万里长江横渡，极目楚天舒"句，取句中"楚天舒"命名，意指该品种在荆楚大地上育成。

"层林尽染"

该品种重瓣性强，花瓣数达300枚，层层紧贴。且花瓣从内至外、由上至下均为鲜红色，艳丽夺目。故借毛泽东《沁园春·长沙》词中"层林尽染"为其命名。

把荷花品种名字连缀成诗，读起来更是朗朗上口，颇具妙趣。

酒　态

红映朱莲桌上莲，绯云千叶艳阳天，
娇容三变童羞面，喜笑颜开小醉仙。

历 劫 重 逢

白衣战士喜相逢，晓色云开一点红，
碧血丹心春不老，翠微夕照露华浓。

宏　图

贵妃醉舞小玉楼，红灯高照胭脂露，
娇容三变霓裳曲，祝福天娇展宏图。

欢　聚

玫园秀色艳阳天，唐婉红娃小醉仙，
建乡壮士七仙女，彩云飞渡相见欢。

心　美

上林春色露华浓，建乡玉女醉东风，
白衣战士心灵美，仙女散花满江红。

春　恋

粉面桃花案头春，豆蔻年华睡美人，
碧落留红春不老，燕舞莺啼喜盈门。

太 阳 红

东湖新红东方红，秦淮红楼南京红，
红楼红灯红万万，酣红娇红太阳红。

太阳、月亮、星星

日出红日红太阳，艳阳高照金太阳。
烟笼夜月水中月，平湖秋月濠江月。
太白金星满天星，金陵之星绿之星。

太 空 莲

太空娇容太空莲，嫦娥醉舞欲飞天，
星空牡丹神州行，太空红旗随风卷。

飞 禽

金凤出巢翼双展，海鸥展翅南归雁，
凤凰振羽五彩凤，红鹂紫鹃双飞燕。
白鹤红鹤鹤顶红，金雀红雀喜鹊莲，
黄鹂莺莺小金凤，飞燕春眠乳燕欢。

美 人

白雪公主与婵娟，牡丹仙子玉绣莲，
贵妃娇容粉西施，天娇佳丽小醉仙。
昭君顾影浪漫女，嫦娥奔月广宫寒。
伯里夫人与小姐，娥皇湘妃神女般。

荷莲名流衍

我们的祖先在造"荷（莲）"字时，就赋予它美妙的含义。它是"可人"的"草"；是与所有事物都可"连"系的花"草"；是能与万物"联（莲）""合（荷）"，衍生出无穷、奇妙的新事物。人们对荷（莲）的喜爱，可从用它为大地、山川、河流、人物、植物等命名看出。以下略举几例：

地 名

我国以莲花命名的县有江西省莲花县、台湾省花莲县。以荷花、莲花命名的镇名有湖北省宜昌市远安县荷花镇、广东省高州市荷花镇、云南省腾冲县荷花镇、浙江省衢州市莲花镇、浙江省杭州市莲花镇、江西省九江市莲花镇、甘肃省秦安县莲花镇、河南省舞阳县莲花镇、湖南省长沙市莲花镇、四川省贡井区莲花镇、黑龙江省望奎县莲花镇、广西壮族自治区恭城县莲花镇、广东省肇庆市鼎湖区莲花镇、辽宁省开原市莲花镇、福建省厦门市同安区莲花镇、四川省兴文县莲花镇、黑龙江省哈尔滨市呼南区莲花镇、甘肃省临夏县莲花镇等。以莲荷命名的小地名更是不胜枚举，仅举一例：湖南省郴州市嘉禾县莲荷乡。

山 名

以莲花命名的山有：广州市番禺区莲花山、辽宁葫芦岛莲花山、香港莲花山、山东省莱芜市莲花山、湖北省鄂州市莲花山、广东省深圳市莲花山、甘肃省康乐县莲花山、广西壮族自治区金秀县莲花山等。除此之外，因峰形酷似荷花而以其命名的名山有：黄山莲花峰、庐山莲花峰、华山莲花峰、衡山莲花峰、武夷山莲花峰等。

植物名

据统计，我国已知高等植物名称中，带"荷（莲）"字的有235种，分属51个科。毛茛科最多，有70种；其次是木兰科，有23种；再次是莲座蕨科，有17种。这些带"荷（莲）"的植物在直观形态上均有与荷莲相似之处。例如，荷叶铁线蕨、铁线莲等，其叶形似荷叶；姜荷花、荷花玉兰等，其花形酷似荷花，如此等等不胜枚举。这些大量非莲科植物的"莲"，唐振缁称之为"非莲之莲"，它们是荷莲文化的组成部分之一。

第二章 荷之简史

荷花分布

经古植物学家研究发现,莲属植物在被子植物大家族兴旺之前,即在距今约一亿三千五百万年的北半球的许多水域已有生长分布。据资料记载,莲属(*Nelumbo Gaertn*)植物发现于北美地区和黑龙江流域的白垩纪以及俄罗斯的萨哈林岛(库页岛)和日本的渐新世和中新世地层中。20世纪70年代,据地质勘探与古生物研究者共同研究发现:在我国辽宁省盘山县、天津市北大港区、山东省垦利县及广饶县,以及河北省沧州市等地发现了两种荷花的孢粉化石。另外,在位于第三纪热带植物地理区内的我国海南省琼山区长昌盆地地层中,也发现了莲属植物的化石。

研究证明,在一亿三千五百万年前,荷花就遍布亚洲、欧洲、北美洲、非洲和大洋洲的水域地区,据估计当时有10～12个荷花种存在。由于冰期的到来，全球降温，大量植物被冻死，荷花也不例外，只有两个荷花种幸免于难，即中国荷花和被迫漂迁到北美洲大陆的美洲（美国）黄莲花。古植物学家们经考古研究指出，在日本北海道等地发掘（约200万年前）的莲化石，和现代的中国莲相似。古植物学家徐仁教授于20世纪70年代在柴达木盆地发掘的距今至少有1000万年的荷叶化石，和现代的荷叶也相似。以上事实说明荷花是冰期以前的古老植物，它和水杉、银杏、鹅掌楸、北美红杉等植物一样，未被冰期的冰川吞噬而幸存至今。

此外，我国考古学者在新石器时期的遗址中也发现了荷花遗存。1973年，在浙江余姚罗江村的河姆渡文化遗址中，发现有水生植物花粉带，其中有香蒲、荷、菱等的花粉化石，经C-14测定，距今已有7000多年的历史；同年在河南郑州北部大河村发掘的仰韶文化房基遗址中发现有碳化粮食和两粒莲子，经C-14测定，距今有5000多年；1987年在湖南石门县的殷商古墓中发现有碳化莲子，距今约3500年。上述考古研究证明，至少在3500～5000年之前，荷花在我国黄河和长江流域中、下游就已广为分布，并供人们食用了。

目前，我国黑龙江省抚远、虎林、同江、尚志乃至最北端的漠河等地的湖沼地中仍有大面积野生荷花的分布。

现代中国荷花分布与栽培

荷花不仅是较为重要的经济植物，也是深受人们喜爱的观赏植物，在我国具有悠久的栽培历史。我国荷花栽培东起黑龙江省抚远县（东经 134.2°），西至天山北麓和滇西边陲（东经 85.8°），南达海南省三亚市（北纬 18.2°），北抵黑龙江漠河市（北纬 53.48°）。甚至在秦岭、神农架以及海拔高达 2780 米的云南省宁蒗县永兴镇等山地、高原地区亦有栽培。野生荷花在我国主要分布于长江、黄河、珠江、黑龙江等流域以及洞庭湖、洪湖、鄱阳湖、白洋淀、微山湖、太湖、巢湖等大大小小的淡水湖中。藕莲栽培以湖北、安徽、江苏、山东以及浙江等省份较多；籽莲栽培以湖南、江西、福建、浙江等省居多；花莲则在武汉、杭州、北京、长沙、济南、合肥、南京、深圳等城市颇为集中。

第三章 荷之习性

荷花与水深

荷花为水生花卉，无水不能生存。喜相对稳定的静水，不喜流速较急、涨落悬殊的流水。

不同类型的荷花品种对水深要求有别。大株型品种可以在水深50～200厘米的水中生长，但最适合的水深为50厘米；小株型荷花生长适宜水深为10～20厘米。籽莲种植较为特殊，其水深多控制在15～30厘米。这是莲农千百年来总结的最适合荷花生长的水位。

人工栽培荷花在整个生育期中的不同阶段，对水深的要求也不同。初期宜浅水位，随着气温的不断上升，荷梗高度不断增加，可逐步加深水位。

荷花与温度

　　荷花是喜温植物。农谚云："三月三，藕出苦，九月九，挖野藕。"这句话是指长江流域 4 月上旬气温上升至 13 ℃以上，湖塘荷花的顶部开始萌动；10 月中旬气温下降至 15 ℃左右，荷花地下茎膨大成熟，荷花年生育期基本终结。根据王其超总结，荷花生育期各月平均气温与荷花物候期相对应为：4 月上旬萌芽，中旬浮叶展开，5月中下旬立叶挺水，6 月上旬始花，6 月下旬至 8 月上旬为盛花期，9 月中旬为末花期，7、8 月为果实集中成熟期，9 月中下旬为地下茎成熟期，10 月中下旬为地上叶枯黄期，其后进入休眠期。整个生育期的积温约为 4420 ℃，即荷花年需积温约为 4000 ℃。而最适宜荷花生长的温度为 22～32 ℃，对 35～40 ℃的高温亦能忍耐，但低于 17 ℃生长极为缓慢。当气温降至 10 ℃时，处于休眠状，至5 ℃以下则地下茎易受冻。在我国东北地区也有大面积野生荷花和人工栽培荷花分布，那里荷花生育期的年积温仅 2400 ℃，较所需年积温少 2000 ℃，对荷花生长发育稍有影响。但尽管该地区冬季气温常低于零下 20 ℃，湖塘水体结冰盈尺，但冰下泥水温度并不低于 5 ℃，故荷花能安全越冬。

　　实践证明，盆栽荷花由于摆放在地面上受阳光照射，致使容器及植株都可快速感温，受热面积较大，水体及泥土升温快，进而在相同时间内获得的热量要多于湖塘荷花，即积温相对要高。从而，同一品种的荷花在相同的气候条件下，盆栽荷花的生育期比湖塘荷花约短 40 天，为 140 天左右。

荷花与光照

荷花为强阳性植物，极不耐阴。生长在全光照下的荷花比生长在树荫下的荷花的花期早 50 天左右，黄叶期相应迟缓 50 天。因此，在阳台养碗莲，只要每日阳光能直射 5 ～ 6 小时，不致影响开花。

荷花与土壤

荷花对土壤的适应性很强。最适宜在富含有机质的黏性湖土、稻田土中生长，适宜 pH 值为 6.5 ～ 7.2，但在 pH 值高达 8.0 ～ 9.0 碱性土中也能适应。笔者在河北南戴河荷花园观察到，盆泥 pH 值达 9.3 以上，荷花仍可生长，说明荷花有较强的耐盐碱性。但土壤 pH 值过低或偏高、土壤质地过于疏散，都对荷花的生长发育有影响。

荷花与风

荷花喜微风、俱大风。在微风下婆娑多姿，遇 6 级以上大风，荷叶会碰撞破裂，重瓣型、重台型、千瓣型等大花品种，最易倒伏。碗莲更娇，遇 5 级风时，便花易损，蕾易败。

荷花与有毒气体

荷花对某些有毒气体的抗性较强。有人曾对缸植"西湖红莲"进行人工抗氟性能的熏气试验，经较低浓度的氢氟酸处理后，只见叶绿部分受伤，而全株无损，表明荷花对氟的相对抗性强。有人观测到，距以二氧化硫为主的大气污染源较近的大田藕莲（品种为"湖南泡""六月暴"等）荷叶翠绿，生长良好，说明荷花对二氧化硫毒气有一定抗性。但值得注意的是，荷花的地下茎和根对含有强度酚、氨等有毒的污水抗性较弱。

荷花开花特性

荷花在年生育期内是先叶后花，花、叶同出，而且单朵花依次而生，一面开花，一面结果，蕾、花、果实并存。花后生新藕，表现出生长——发育——生长的节奏。

第四章 荷之审美

荷花的美是多方面的：如外部形态个体美，群体和谐美，自然生态景观美，文学艺术精神美等等。

实用美

"荷"字由"艹"、"人"、"可"三部分构成。我们的祖先在造"荷"字时，就表达出了荷花是"可人"之花草的意义。李渔在《芙蕖》的散文中历数了荷花的"可目"、"可鼻"、"可口"、"可用"等很多"可人"之处。

多数植物供人们食用的部分为种子、果实、叶子，少数种类为地下茎。而荷花的地下茎（藕、藕带）、果（莲蓬）、种子（莲子）甚至叶子、花朵、花丝等，整个植物体均可食用，并含有丰富的营养成分，不仅有食用价值，且具有一定的药用、食疗保健作用。无怪乎李渔把荷花推崇到无以复加的高度："有五谷之实，而不有其名，兼百花之长，而各去其短。种植之利有大于此者乎？"

外观美

　　荷花可谓色、香、姿、韵兼备。它的"可目"之处在于：荷花
花朵硕大，既有端庄、雍容、高雅之态，又具洁净、清淡、芳馨之气；
花形有碗状、碟状、杯状、叠球状和飞舞状等多种形态；花瓣有少瓣、
半重瓣、重瓣、重台乃至数千瓣，可谓变化丰富；花色有白、粉、红、
紫、黄、复等色，可谓五彩缤纷。浑圆而又具清香之气的荷叶却另
有特色，你看那初出的浮叶"不用亭亭张翠盖，也能细细叠青钱"；
立叶长出后，犹如"翠盖仙人临水立"；大面积荷叶构成了一幅"千
丛荷叶碧连天"的美景。

韵律美

　　季春至孟夏时节，池塘中稀疏的荷花随着地下根状茎不断向前
伸展，花蕾、荷叶相偕伴生，它们行进的路线、形体的大小高低、
相隔的距离等，在水体的映衬下，呈现出连续、渐变、起伏、交错
的韵律美感。

群体和谐统一美

荷花的生长发育特性与其他大多数植物有明显区别，它在整个生育期中，其生长、开花、结果是不间断地，循环往复地、相互穿插着进行。在一塘荷花中，同时有挺立翠盖的荷叶、含苞待放的花蕾、绚丽多姿的花朵、撩人口馋的鲜果，还有饱满老熟的莲子等。从形体上看，它们有大小、高低、长短、曲直、粗细之分；从质上辨，它们有老嫩、强弱、刚柔、润燥之别，这些相互对立的因素，同时存在于一池荷塘中，构成了一个有机和谐而充满生机的整体景观，它体现了事物对立统一的哲理，还体现了佛教"因果"关系的不断循环往复过程。

四季美

"花无百日红"，美只是昙花一现，多数花卉都如此这般。而荷花却自始至终展现着美：从春天"小荷才露尖尖角"，至荷钱出水之日、轻点绿波的娇柔小巧美；到夏天"花红荡人心，叶绿迷人眼"、"接天莲叶无穷碧、映日荷花别样红"的艳美与宏观壮美；直至暮秋，"菡萏香消翠叶残"了，仍有"留得残荷听雨声"之孤寂凄凉美。即使冰天雪地，那枯荷梗宁折不弯地伫立在那里，冰雪狂风也奈何不了它，这不也是一种悲壮美吗？荷花一路走来，留下了一路的风姿、风韵，真可谓是四季全美，它花能与之相比吗？

意蕴美

"出淤泥而不染，濯清涟而不妖，中通外直，不蔓不枝，香远益清，亭亭净植"是荷花的显著特征，也是荷花独特的生物禀赋，正是这个禀赋，在文人、理学家的眼里乃至骨子里认为：荷花有着不同于其他花卉的丰富的意蕴，它是一种独特的生灵，它是"君子"人格的花化。佛教把荷花尊为圣花；民间把荷花看作吉祥的象征。由此可见，我们种植荷花，营造荷花景观，不仅仅是美化环境，也是人格的展示、情操的陶冶、思想的升华。

和谐美

多数水生花卉为丛生，茎秆密集紧簇，具有很强的独占性。而荷花以横生的地下茎在水底泥土中一节一节向前延伸，节间长达数十厘米，甚至一米之多。它能躲开或是穿过其他有空隙的物体，曲线向前伸长，它不具或较弱的区域独占性，与其他植物和谐共生、和平共处的能力较强。早在3000多年前的《诗经·陈风》就唱道："彼泽之陂，有蒲与荷"，即展现出蒲荷共生共荣的水乡美景。蒲秆叶窄细而修长，荷叶圆圆似翠盖，一个是纵向占据地域，一个是横向占领空间，它们一纵一横，各有其自己的空间，相互各不干扰，和谐共生，构建水泽美景图。三国时期曹丕《秋湖行》"泛泛绿地，中有浮萍。芙蓉含芳，菡萏垂荣"则记录了荷花与浮萍共生的生态环境。《全唐诗》中"菱叶乍翻人采后，芰荷初没舸行时"与"前溪更有忘忧处，荷叶田田间白蘋"，分别描述了荷花与菱角，荷花与蘋和谐共生的佳境。

现代水体植物造景应用中，荷花几乎能与大多数挺水植物、浮叶植物及浮水植物相偕共生，构建丰富多样的水体植物群落景观。

组景美

荷花尽管很美，但它也是园林中的一分子，若与其他植物植互组景，将展现出色彩、层次、质地更丰富，意蕴更深的园林佳景。"四面荷花三面柳，一城山色半城湖"是大明湖景色的写照，也是诗人对荷花与翠柳搭配构成壮丽美景的描绘。"荷花初红柳条碧"、"莲绕闲亭柳绕池"，春天，水中荷芰刚冒出苦，岸上已是柳条萦绿，生机悠然；至初夏，柳枝纤柔蔓长下垂，轻风吹过，随风飘摇，岸下红荷照水，"一风荷举"，相映成趣。

荷竹搭配的景观组合更有特色，荷塘岸边植竹主要在于精神或意境，竹青翠常绿，杆通直，它与荷的共同之处是"中通外直"。所以文人们认为荷、竹都具有君子的情操，"千竿竹翠数莲红，水阁虚凉玉簟空"、"雨竹翻山翠，风荷漾水香"水中翠盖佳人亭亭玉立，飘洒着幽香，岸上修竹刚直不阿，节节向上。真正是"眼前无俗物，万竹与千荷"，这种柔刚相济，而又清雅谧静的环境，别具一格。

第五章 荷景拾遗

历代荷景浅述

古人称园林中的"血液""灵魂"是水。园林无水不灵，而水中无荷则不成景。荷是园林水体的"点睛之笔"，在园林景观设计中受到广泛应用。

荷原本是生长在自然湖、塘中的野生植物，随着人类社会的发展，开始进入人们的审美视野，并渐渐成为园林景观植物。早在2400多年前（公元前473年），吴王夫差就在他的离宫（今江苏苏州灵岩山）修砌了一个边长11.5 m的方池，名曰"玩花池"，以供西施赏荷。这是荷花作为园林水体植物引进栽植的最早记载。

西汉年间，汉武帝太初元年建章宫，开凿"华液池"，种植菱、莲等水生植物，并仿制江南采莲的"采莲舟"。曹魏时，宫廷建有"芙蓉池"，有曹丕的《芙蓉池作诗》和曹植的《芙蓉池诗》为证。

此时荷花已进入皇家园林。

南北朝时期，佛教兴盛，庄园经济快速发展，带动了寺庙园林和私家园林的发展，荷花得到广泛种植。

隋唐时期，城市建设、水体整治规模扩大，促进了皇家园林建设的发展，荷花景观建设面积不断增加。其中最为著名的是曲江池和大唐芙蓉园。"曲江荷花盖十里，江湖生目思莫缄。""曲江千顷秋波净，平铺红云盖明镜。"这些诗句记载了唐朝皇家园林的荷景盛况。受佛教的影响，唐代文人追求意境美，尤其是象征着纯洁的白莲，成为文人寄托精神的重要载体。无论是宫廷园囿、私家园林还是寺庙园林，荷池、荷塘都是重要的景点。

两宋时期，科举制度日趋完善，文人、士大夫的地位得到提升，造园、植荷这些"雅"文化受到文人、雅士的广泛推崇。杭州历来以种植荷花著称，我国第一个以荷命名的园林景点——"麯院荷风"（现名"曲院风荷"）就诞生在南宋时期。

"曲院风荷"为"西湖十景"之一，也是江南水乡泽国最有特色的赏荷景点。在莲叶田田、曲水萦环的曼妙景色之间，同样也有着它曲折的故事。

"曲院"前身为"麯院"，是南宋官办的酿酒作坊，位于今杭州市灵隐路，濒临当时的西湖西岸。此地有一溪流称"金沙涧"，其溪水为麯院制酒提供了上好的水源，此地还广种荷花，用以制麯酿酒。每当夏日，清风徐来，荷香与酒香四处飘逸，久而久之便得名"麯院风荷"（或称"麯院荷风"），至南宋理宗时被列入"西湖十景"之一。

元至明初，政府对西湖未予以重视，麯院随着酿酒功能的消失而逐渐荒废，名盛一时的"麯院荷风"只能借助图像及文字得以延续。

康熙三十八年，为迎圣驾南巡，浙江总督李卫极力恢复西湖名景古迹。眼见麯院周围已成陆地，毫无"风荷"之迹，便将此景从洪春桥迁至苏堤跨虹桥畔。同年康熙钦定"西湖十景"，考虑到实际情况，便将"麯院"改为"曲院"，并正"荷风"为"风荷"，从此该景名称得以固定。

"麯院"改成"曲院"，后人以为康熙错题。乾隆南巡时有感于此，特写下《曲院风荷》诗以作说明："九里松旁曲院风，荷花开处照波红。莫惊笔误传新牒，恶旨崇情大禹同。"诗中指出了曲院旧址在九里松附近，将"麯院"改为"曲院"实非笔误。

元明清时期，私家园林和皇家园林的发展达到鼎盛，尤其在康、乾年间。圆明园、避暑山庄、颐和园、拙政园等众多名园，均建于此时。

始建于明正德年间的拙政园，荷花为其重要特色。园中以荷命名的建筑景点有远香堂、荷风四面亭、芙蓉榭等。它是旧时文人、士大夫"中隐"，因"荷"陶醉之所，也是现代人们赏荷花、观荷叶、闻荷香、听荷声之佳境。

梁爽研究了乾隆时期圆明园荷景，指出圆明园四十景中已经确定有荷景的有 15 处，如九州清晏、濂溪乐处、曲院风荷等；可能存在荷景的有 7 处，如慈云普护、月地云居等。她对已经确定的荷景意境进行了分类研究，指出："九州清晏"的寓意是天下太平、国泰民安，寄托了清统治者的政治愿望。"濂溪乐处"具有君子比德的思想内涵，表现出乾隆对荷花的喜爱，以及跻身于众多君子之中的愿望。"曲院风荷"是一处模仿江南名园的景点，其荷景超过了杭州西湖的"曲院风荷"之美，且具有佛教内涵。

承德避暑山庄建于清初，它是清帝离宫，是四大古典名园之一。该园"集天下胜景于一园"，共约 36 景，其中"曲水香荷""香远益清""冷香渡"和"观莲所"四景可直接赏荷。乾隆有诗曰："霞衣犹耐九秋寒，翠盖敲风绿未残。应是香红久寂寞，故留冷艳待人看。"写出了他爱莲之曲。

另外，还有两个"莲花池"值得一提。一是元代汝南王张柔在河北保定修建的"莲花池"。1900年8月，八国联军攻占北京，慈禧等吓得魂不附体，从北京逃至西安。庚子事变后，慈禧从西安回銮，沿途搜刮民脂民膏，路经保定，看到该地莲花池，下令重新修整，并命令将"莲花池"作为"御苑"。全城百姓怨声载道，被招来的工匠们更是义愤填膺，他们在水心亭顶部雕塑了一个大荷叶，荷叶上托着一只大仙桃。"荷叶"又名"莲叶"，"莲叶托桃"谐音为"连夜脱逃"，意在讽刺腐败的清政府。 这段故事至今还在流传，古莲花池也成为国家文物保护单位。

另一个"莲花池"为北京莲花池。据资料载，公元前1045年，周武王封尧的后代于蓟。蓟城乃北京城的发祥地，而莲花池是蓟城的主要水源地。故史学家谓："先有莲花池，后有北京城。"现代的古莲池已是旧貌换新颜，成为北京城赏荷之佳处。

荷的组景

张潮在《幽梦影》中曰："花叶根实无所不空 ，亦无不适于用，莲则全有其德者也。"荷具全才，所以赏荷也是全方位的：宜日、宜阴、宜风、宜雨、宜雾、宜月，时空有别，各有其情趣。组景亦是多方面的：宜树、宜竹、宜花、宜草；宜广、宜狭；宜湖、河、海、塘，也宜小池及盆碗。

荷花主要依靠地下茎（藕）进行繁衍、生长、开花，其地下茎对环境的适应性很强，不仅在野外自然环境中正常生长发育，有些品种在数寸大小的盆钵中也可展叶开花。明清时期，盆栽荷花就已兴起，随着现代物质、精神生活的不断发展，盆栽荷花方式趋向多样化。有小型盆栽荷花，置于室内几案或阳台上作点缀之用；有中型盆或缸栽，用作门厅、路边美化；有大中型缸盆栽植荷花，与其他植物一起装点展览、活动庆典的会场，临时营造出以荷为主题的、丰富多样的美丽景观。

荷花还可和许多其他植物组景，如："荷柳组景""荷竹组景""荷蒲组景""荷萍组景"等，其相关内容已在第四章中简述，这里不再赘述。

现代荷景拾遗

新中国成立后，荷花栽培、荷景建造发展较快。尤其是近40多年来，在政府、科技人员和社会各界的努力与支持下，荷花业得到突飞猛进的发展。

中国荷花研究专家王其超教授分别在20世纪80年代末、90年代初，创建了中国花卉协会荷花分会及中国荷花研究中心。在此前至现在，相继举办了三十一届全国荷花展，直接或间接地推动了中国荷花的科普推广、荷花景观建设以及荷花自然生态景观的恢复。同时，也促进了藕莲、子莲、花莲三大产业的快速发展。目前，无论是在荷花自然生态景观区、公共绿地水域，还是城市人工湿地、乡村湖塘港汊，都可以见到荷花景观。

《荷莲中国——荷花你在哪里》一书是王力健先生一生爱荷、恋荷、痴荷的体现，也是他探荷、访荷后的成果之一。十几年的时间里，他寻荷的征程达几十万里，跑遍了祖国的大江南北。东至黑龙江抚远，西抵新疆伊犁与和田，南到海南三亚，北达黑龙江漠河。西藏过去从未听说过种有荷花，而他在这神秘的土地上，一次次出发、一步步探问，最后在中印边境附近找到了荷花。他的足迹遍布全国 400 多个荷花景点，凡是有荷花的地方，就有他的身影。他将这些景点分门别类归纳为：自然之醉、人造之胜、藕莲之赏、村镇之雅、园林之秀、休闲之趣、花节之韵、栽培之誉、史事之风、名称之悠、佛道之圣、本色之蕴、疑惑之问。无论是人造的还是自然的都一步一景、一景一情，丝丝缕缕地记录了作者的爱荷旅程和寻荷感悟，字里行间中流露着他对荷花的情，对荷花的痴。正如作者自言："一背一拖一路歌，一心一物一境合，一苦一乐一傻呵，一生一恋一江河。"无论是旅游爱好者、园林工作者、爱花之人还是摄影发烧友，抑或是科研工作者，都能从中读懂他心中的那朵荷，由此，读者自己也可读出自己心中的那朵荷。

现根据力键先生的《荷莲中国——荷花你在哪里》中提供的部分景点名称搜索辑录编改如下，以飨读者。

自然美景

1. 沈阳仙子湖

沈阳仙子湖风景旅游度假区位于新民市前当堡镇境内，距沈阳城区 40 余公里，是国家 3A 级旅游景区。景区内 4000 亩天然荷花连

沈阳仙子湖荷景

成整体，犹如一片莲荷海洋，是名副其实的"中国荷花之乡"。千亩芦苇荡，万亩稻花香，荷花迎日绽放，红荷、绿叶与天地连成一片，微风轻拂时花随风动，风送花香。景区内湖水清澈，翠鸟鸣唱，锦鳞遨游，荷花映日。它浩瀚、壮美、恬静的自然风韵备受人们的青睐。游人漫步其间，总会心旷神怡，陶醉留恋，仿佛身心得到净化。

2. 翁牛特旗大兴农场荷花景观

翁牛特旗大兴农场位于科尔沁沙地中部，在大兴农场西南的老哈河畔有一片荷花池，水域面积达70余亩。此地是当地人在20世纪80年代修建的一座水利工程扬水站。80年代初，扬水站自然长出荷花，经过30多年管护，目前扬水站内荷花已发展到50多亩。在科尔沁沙地有荷花生长，实属罕见。

莲子从何而来？是候鸟迁徙衔来，是鱼腹裹来，还是随河水冲

大兴农场荷花景观

击而来？无从考证。据《契丹史志》中记载，在很久以前有一位神人骑白马从西北向东南而来，一位仙女乘青牛自西南向东北而行，二人相遇于大兴，一见钟情，相互爱慕，结为夫妻，并定居下来，繁衍生息。二人行过的两条路形成了两条河：老哈河和西拉沐沦河。他们所居住的地方就成了两河冲击的三角洲。传说仙女将从仙界带来的莲子种下，长出了象征他们纯洁爱情的莲花。

　　现在每年8月初，放眼池中，荷花盛开，红白相间，争奇斗艳，芙蓉出水，亭亭玉立，婀娜多姿。游船赏荷，似乎置身于南国水乡，品味"出淤泥而不染，濯清涟而不妖"的气质，体会"接天莲叶无穷碧，大兴荷花别样红"的意境，其乐融融。

3. 黑龙江虎林月牙湖

黑龙江虎林月牙湖位于虎林市东北方，距虎头镇18公里，是国家A级景区，1987年被正式批准为"草地类自然保护区"和野生荷花自然保护区，保护区内水域面积有400多公顷，与乌苏里江相通，水位随乌苏里江江水涨落而变化。其中最大的湖泊——月牙湖，面积为300公顷，是一处巨大的荷塘，生长着荷花、睡莲、菱角等水生植物几十种。每年7月底8月初，湖面被荷叶、荷花遮盖，形成了高纬度的荷花群落奇观。月牙湖自然保护区内，还有马鹿、天鹅、鸳鸯等珍贵野生动物栖息繁衍。

湖心区像一轮满月被月牙湖所环抱，占地2000余公顷，是保护区核心区域，该区的林地、草场、沼泽错落分布。一层草、一层林呈放射状，富有韵律，十分壮观。

虎林月牙湖荷景

月牙湖荷花堪称塞外一绝。荷花约占湖面的四分之一,近千余亩。盛夏时节,满湖荷花妩媚旖旎,竞相绽放,千姿百态,给月牙湖带来了无限的生机与活力。有诗云:"北国骄子虎林莲,塞外秀色别有天。风吹荷香千里外,不似江南胜江南。"月牙湖是自然赠予人类的一幅美丽、祥和、宁静的生态画卷。

4. 君山野生荷花世界

君山野生荷花世界位于湖南省岳阳市君山区广兴洲镇团湖村,南濒洞庭,北靠长江。湖南自古有"芙蓉国"之称,而君山野生荷花世界是目前亚洲已知成片面积最大的天然野生荷花景区,占地面积1万多亩,水域面积7000多亩,2009年被中国野生植物保护协会评为"中国野生荷花之乡"。

团湖公园自然荷花面积5000余亩,夏季满湖层层叠叠的荷花一

君山野生荷花世界

眼望不到边，亭亭玉立，姿容俏丽，刚出水面的荷花在重叠的荷叶之间或举或藏，或开或闭，或躺或卧，浑然天成，充满野趣。

5.河南省周口市龙湖风景区

龙湖风景区位于河南省周口市淮阳县城，东西宽4.4公里，南北长2.5公里，面积11平方公里。龙湖环抱古城淮阳，拱卫羲陵，形成了陵前有湖、湖中坐城、城中有湖的奇特景观。

由于良好的生态保护，龙湖自然风景区至今仍保持着西周时期原始的自然风貌，在这里可以领略到3000年前生态文化的绚丽多姿。景区水域面积7000余亩，碧波荡漾，蒲苇婆娑。景区内有2000亩左右的荷花，芽箭高挺，梗亭玉立，叶轻翩舞，翠裙展舒，傲叶托玉，莲蓬莹滴，气卓群而不傲，神闪采而荣华。荷花飘香，鸟鸣鱼跃，水草千姿百态。荡舟湖中，游人可看到"春水碧于天，画船听雨眠"、

周口市龙湖风景区荷景

"秋风吹拂龙湖面，化出白莲千万点"的美丽景观。

6. 云南省丘北县普者黑

普者黑景区位于云南省文山壮族苗族自治州丘北县境内，距县城13公里，是国家级风景名胜区、国家4A级旅游景区。这里有发育典型的喀斯特岩溶地貌，可以观赏到"世间罕见、中国独一无二的喀斯特山水田园风光"。

每年6～8月，上万亩荷花盛开，成片的翠绿色中点染着星星点点的粉色、白色，加上远处的小山、天空中的白云，构成了一幅清新亮丽的图画。荷叶在骄阳的照耀下更显鲜亮，蜻蜓立在荷苞之上，享受着夏日荷塘中的那一份明媚与清爽。它们构成了一道道靓丽的风景线，向前来赏荷的游客展示着普者黑特有的美。

每年这里都会举办荷花节，其间又有泼水节、火把节、花脸节等传统节日，节中有节，内容丰富多彩。

普者黑荷景

洪湖蓝田生态旅游风景区荷景

7. 洪湖蓝田生态旅游风景区

洪湖蓝田生态旅游风景区位于湖北省荆州市洪湖西北部，是依托烟波浩渺的百里洪湖而建成的生态旅游区。风景区内水域辽阔，自然生态保护良好，水草茂盛，湖中生活着 70 多种鱼类。

洪湖蓝田生态旅游区的主要景观有十里荷花带、万亩莲藕区、观荷长廊、九曲桥廊、观音坐莲台、荷花仙子、钓鱼岛情人屋、湖心岛莲花源等十多处，20 万亩生态园、10 万亩荷花塘、湘鄂西革命首府、明清一条街，交相辉映，风光无限，美不胜收。

8. 齐齐哈尔扎龙湿地自然保护区荷塘景观

扎龙湿地位于黑龙江省齐齐哈尔市东南 30 公里处。湿地保护区内有乌裕尔河、双阳河、克钦湖、仙鹤湖、龙湖、南山湖等众多水域，

扎龙自然保护区荷景

总面积达 21 万公顷，为亚洲第一、世界第四大湿地，也是世界最大的芦苇湿地。同时是中国首个国家级自然保护区，被列入中国首批"国际重要湿地名录"。

扎龙自然保护区是北国江南，风光优美。每到暮春初夏时节，芦苇青青，在清澈宽阔的水域中，"千丛荷叶碧连天"。水浮莲、菱角、荇菜等水生植物，轻盈飘浮，与荷莲相伴，四周草地翠绿，野花飘香。当游客荡起一叶小舟，轻摇双桨，徜徉在这北国的水乡泽国中，亭亭玉立的荷莲像含羞的少女一样簇拥在人们的身边。野生珍禽在四周自由遨游，一种真正回归大自然的感觉会油然而生，让人流连忘返。

人造荷景

1.辽宁铁岭莲花湖国家湿地公园

莲花湖国家湿地公园位于辽河、柴河、凡河之间的洪泛平原，占地面积42.26平方公里，主要的水域景观有：沼泽、滩涂、水面、河荡、水堤等。现主要包括得胜台水库、五角湖、大莲花泡和中朝友谊水库四部分。水面广阔，烟波浩渺，水流迂回，积大气与秀丽为一体，造就了别具一格的湿地生态之乡。

莲花湖湿地公园中另一个独具特色的水域景观是在江河湖地带。此处河道纵横，水陆围合，视野开阔，芦苇香蒲丛生。春夏秋三季，芦苇香蒲随风摇曳，千亩红荷碧叶随风起浪，行舟穿行其中，蒲绿荷红，岸柳如烟，旷幽结合，舟移景异，美不胜收。

莲花湖湿地公园荷景

微山湖湿地红荷风景区荷景

2. 微山湖湿地红荷旅游风景区

微山湖湿地红荷旅游风景区位于山东省滕州市，距滕州市区 25 公里，总面积 90 平方公里，湖域面积 60 平方公里。这里有 55 公里的湖岸线、12 万亩的野生红荷、30 平方公里的芦苇荡以及国内罕见的水上森林和丰富的物种资源。风景区内有盘龙岛、小李庄、水生植物园、湿地漂流园、荷花精品园、湿地博物馆等 50 余处景点。微山湖湿地红荷旅游风景区是华东地区最大、保存状态最原始、湿地景观最佳和中国最大的荷花观赏地，素有"中国荷都"之称。

3. 济宁小北湖公园

北湖位于山东省济宁市，东依古运河，西临京杭运河，成"双河抱湖"之势。小北湖是镶嵌在济宁大地上的一颗明珠，是独成一体的一块金三角。经过十几年的开发治理，集旅游、养殖于一体，

已初具规模。

北湖水面面积相当于杭州西湖的四倍，水面宽阔，空气清新，气候宜人。盛夏时节，万亩荷花竞相开放，景色迷人。

4. 北京北海公园

北海公园是我国古典园林的瑰宝，从金大定六年（公元1166年）开始，历经元、明、清三朝，一直是封建帝王的御用宫苑。公园面积约68.2公顷，其中水面面积为38.9公顷。

北海之景以水取胜。入夏时节，池岸垂柳荫荫，就像翠瀑拂水依人。湖中荷花红裳翠盖，一副清雅、高贵的王者气派。高耸的白塔在莲湖的映衬下，更显气宇轩昂，将北方皇家园林的宏阔气势和南方园林的婉约风韵融为一体。

北海荷展是北京市民夏季赏荷游玩的一项传统文化活动，深受

北海公园荷景

广大市民的喜爱。北海已成功举办了近二十届的荷花展览，丰富多彩的荷花品种、五彩缤纷的荷花小品与北海太液池的荷花交相辉映，姿态万千，美不胜收。

5. 白洋淀荷花大观园

白洋淀荷花大观园坐落在国家5A级旅游区、河北省著名风景区、河北省湿地保护区安新县白洋淀景区内，占地面积2000亩，水域面积1560亩。园中有六区、十二园、三十六景、七十二连桥，近700个荷花品种，是目前我国植荷面积最大、品种最多的大型生态荷园，2003年成功举办了第十七届全国荷展。园区内翠柳环抱，碧水浩渺，湿地水生植物相映成趣，水生动物相伴而居，成为我国颇具特色的自然生态观赏园。被河北省政府命名为"省级湿地自然生态保护区野生动植物繁育示范基地"。

白洋淀荷花大观园呈金元宝形，碧水蓝天，苇绿荷红，以栈桥、拱桥、浮桥、情趣桥等组成的景观，如虹如龙，逶迤十里跨荷塘、

白洋淀荷花大观园

入苇荡。园中荷花淀，是当年雁翎队战斗过的地方；莲心禅院中有三面盛世莲花观音雕像，人们在这里祈祷平安如意、焚香静心，愿盛世观音保白洋淀人及世人富足喜乐；孙犁纪念馆是一代文学大师孙犁的仙居之所；白洋淀抗日战争纪念馆让人们了解白洋淀抗战历史，再现雁翎队痛击鬼子、端岗楼的英雄事迹；精品荷园、极品荷园、睡莲园、百倾荷园中的荷花千姿百态，如诗如画，令人陶醉；观景山、观鱼湖、神鹿岛、水上植物园、中华鳖园、蟹园、禽鸟园、沙滩浴场、湖滨垂钓园使游人体验到北方的水乡风情；采莲、捕鱼、钓蟹让人们和大自然零距离接触；划船、打水仗、放河灯、篝火晚会、水上嘉年华、水上摩托艇等娱乐活动丰富多彩，是拓展训练的理想场地。

6. 南戴河中华荷园

中华荷园位于河北省秦皇岛市南戴河国际游乐中心，景区分为千荷湖、湖心岛、珍荷苑、二仙居、悦荷广场、百步问荷、江南水乡、清莲园八大景观。它因海构园，借势取景，将渤海之浩瀚，园

中华荷园荷景

林小品之雅致，以及江南水乡之清秀融于一体，是展现中华民族荷文化的主题公园。荷园占地 600 亩，拥有国内外精品荷花 300 余种，睡莲品种 40 余种，是环渤海地区规模最大、品种最丰富的荷花生态观赏繁育基地。

第六章　荷之食馔

　　民以食为天。"食"是人们最基本的需求，"食用"是人们对植物功能最初的要求。多数植物供人们食用的部分为种子、果实或叶子，少数种类为地下茎。而荷花的地下茎（即藕）含淀粉 10%～20%，含蛋白质 1%～2%；果实（即莲子）含淀粉 40%～50%，含蛋白质 19%～29%；荷的嫩茎（藕带）含有丰富的营养成分及多种维生素，是优良的蔬菜和副食品，可供生食、熟食、加工罐藏；莲的其他部位如藕节、荷梗、荷叶、荷蒂、荷花、荷蕊（莲须）、莲蓬、莲子心等部分，都可入药。其中除藕节、莲子心味苦不能作食物外，其余 6 个部分均可制成美味的食品，用途十分广泛。据初步统计，现代食谱或药用方剂中含荷成分的约有 1300 个。其中，陈旸等所编著的《中华莲文化》一书中列出 910 多个；谭兴贵编著的《莲子》中列出莲子与其他食、药植物搭配组成的食谱、方剂达 290 种。胡维勤编著《养生汤》中列出 30 多种有关莲藕、莲子、荷叶的汤剂。可见荷花不仅自身是重要的食、药植物，而且是广谱性的食膳及药膳配伍植物。

自古有"药食同源"之说，即许多食物即药物，它们之间并无绝对的分界线。古代医学家将中药的"四性"、"五味"理论运用到食物之中，认为每种食物也具有"四性"、"五味"。《淮南子·修务训》称："（神农）尝百草之滋味，水泉之甘苦，令民知所辟就。当此之时，一日而遇七十毒。"可见神农时代药与食不分，无毒者可食，有毒者当避。

"食以康为先。"随着社会物资的极大丰富，人们正追求生活质量的不断提高，膳食与健康，已广泛地受到重视。荷花，尤其是莲藕和莲子，既是较为高档的保健食品，亦有重要的药理作用。故在此食、药一并简述，不单列出"药"而只简述膳食了。

莲藕

西周初期（公元前 11 世纪左右），荷花开始从湖畔沼泽走进了田间池塘。《周书》载有"薮泽已竭，既莲掘藕"，可见，当时的野生荷花地下茎（莲藕）已经开始作为食用蔬菜了。北魏贾思勰《齐民要术》中记载了"蒸藕法"的过程，说明 1400 多年前，先人对藕的食用已相当讲究了。自南宋起至近代，人们进一步研究荷藕的保健作用及烹调技艺，从而大大地提高了荷藕在中国食谱中的地位。

营养、药用价值

《饮膳正要》曰："藕食，味甘、平，无毒。主补中，养神，益气，除百疾，消热渴，散血。"

经现代研究，每百克莲藕中含水分约 70 克、蛋白质 1 克、脂肪 0.1 克、碳水化合物约 20 克、热量 84 千卡、粗纤维 0.5 克、灰分 0.7 克、钙 19 毫克、磷 51 毫克、铁 0.5 毫克、胡萝卜素 0.02 毫克、硫胺素 0.11 毫克、核黄素 0.04 毫克、尼克酸 0.4 毫克、抗坏血酸 25 毫克等。莲藕微甜而脆，可生食也可做菜，还可加工成多种副食、饮料、保健产品，具很高的食用、药用价值。具体而言，莲藕主要有以下药效作用。

1. **益血生肌** 藕的营养价值很高，富含铁、钙等微量元素，植物蛋白、维生素以及淀粉含量也很丰富，有明显的补益气血、增强人体免疫力的功效。

2. **清热凉血** 莲藕生食性寒，有清热凉血的作用，可用来治疗热性病症；莲藕味甘多液，对热病口渴、衄血、咯血、下血者尤为有益。

3. **止血散瘀** 藕含有大量的单宁酸，有收缩血管的作用，可用来止血。藕还能凉血、散血，中医认为其止血而不留瘀，是热病血症的食疗佳品。

4. **通便止泻、健脾开胃** 莲藕中含有黏液蛋白和膳食纤维，能与人体内胆酸盐，食物中的胆固醇及甘油三酯结合，使其从粪便中排出，从而减少脂类的吸收。莲藕还含有鞣质，有一定的健脾止泻作用，能增进食欲，促进消化，开胃健中，有益于胃纳不佳、食欲不振者恢复。

我国民间有"男不离韭，女不离藕"之药谚。藕鲜食可清热凉血，熟食又能开胃、生肌、益血、止腹泻。对孕妇也有一定的保健作用，对产后恶露、化瘀生血，均有很好的疗效。女性多食莲藕有诸多好处。

1. 有效地提高睡眠质量

莲藕含有丰富的营养物质，现代研究发现，食用莲藕能够有效地提高睡眠质量。因莲藕具有安神清心的作用，所以每天晚上吃一些莲藕，能够有效地帮助我们在睡觉时快速进入深度睡眠。

2. 美容养颜

莲藕具有很好的美容作用，例如当我们上火长痘痘的时候，服用一些莲藕能够起到祛痘的功效。除此之外，日常多吃一些莲藕，能够令我们的皮肤变得更加的润滑、有光泽。

3. 促进大脑发育

现代医学研究发现，经常吃莲藕能够有效地促进大脑发育、缓解大脑出现衰老以及退化的情况。对于女性来说，经常吃莲藕还能够延缓更年期的到来。

4. 保持身材

对于那些不能够控制自己的口腹之欲却又想减肥的人群来说，莲藕是一种非常好的食物。莲藕中含有大量的粗纤维，食用莲藕能够促进肠胃蠕动，帮助排出体内多余的一些毒素及废弃物，从而达到减肥的功效。同时，莲藕的味道非常鲜美，烹饪方法也各种各样，无论是爆炒还是煲汤都是非常不错的选择，且不容易吃腻。

膳谱摘选

莲藕龙骨汤、生地莲藕排骨汤、莲藕鲤鱼汤、红枣莲藕排骨汤、杂果莲藕汤、莲藕煲鸡腿、老鸭煨藕、拔丝藕片、熘藕夹、糖醋藕丝、凉拌糖醋藕、泡脆藕、泡藕带（嫩茎）、咸藕、酱藕片、甜藕丁、姜味藕片、甜醋藕片、果酱鲜藕、姜汁藕片等。还有多种副食产品，如莲子糕饼、莲藕汁、莲藕粉等。

莲子

营养与药用价值

经常食用莲子，具有强身壮筋、延年益寿的功效。明代《遵生八笺》谓："莲子粥，益精气，强智力，聪耳明目。"

经研究，莲子所含的主要营养成分如下：糖 11.44% ～ 12.79%，淀粉 45.12% ～ 49.18%，脂肪 2.4% ～ 2.58%，粗纤维 2.5% ～ 2.93%，铁 0.008% ～ 0.012%，磷 0.75% ～ 0.79%，钙 0.19% ～ 0.26%。每 100 克莲子中含各种人体必需的氨基酸总和为 13.181 ～ 18.468 毫克，维生素 C 为 4.74 ～ 5.44 毫克，维生素 B1、B2、B6 分别为 0.12 ～ 0.126 毫克、0.041 ～ 0.077 毫克和 0.061 ～ 0.087 毫克。

经现代医学研究表明，莲子具有以下主要食疗或保健功能。

（1）防癌抗癌：莲子善于补五脏不足，通利十二经脉气血，使气血畅而不腐，莲子所含氧化黄心树宁碱对鼻咽癌有抑制作用；

（2）降低血压：莲子所含非结晶形生物碱 N-9 等成分，可降血压，增强免疫力；

（3）强心安神：莲子芯内含有生物碱，莲芯碱有较强的抑制细胞内钙释放及抗心律不齐的作用；

（4）滋养补虚、止遗涩精：莲子中所含的棉籽糖，是老少皆宜的滋补品，对于久病、产后或老年体虚者，更是常用营养佳品，长期食用具抗衰老作用；莲子碱有平抑性欲的作用，对于青年人梦多，遗精频繁或滑精者，服食莲子有良好的止遗涩精作用。

食谱采撷

莲子山药鹌鹑汤、莲子萝卜汤、莲子猪心汤、莲子百合沙参汤、莲子茯苓养生汤、莲子猪肚汤、莲子百合麦冬汤、莲子山药银耳甜汤、人参莲子牛蛙汤、白果莲子乌鸡汤、芡实莲子汤、莲子枸杞炖猪肚、莲子桂圆汤、莲子绿豆汤、芡实莲子薏苡山药饭、八宝饭、莲子健脾饭、莲子糕、茯苓莲子米糕、九仙王道糕、八仙早朝糕、茯苓造化糕、莲子糯米糕、莲子蜜饯、莲子汁等。

荷叶

荷叶食膳价值

中医认为，荷叶味甘寒，入心、肝、脾。鲜荷叶能清解暑热，祛湿利尿，升阳止血，主治中暑、肠炎、眩晕、吐血、尿血、功能性子宫出血等；干荷叶可生发元气，助脾开胃，平肝降脂，对血脂异常、动脉硬化、高血压、冠心病有一定的疗效。

近年来，荷叶化学成分及中医药理研究成效明显，为荷叶的利用提供了理论依据。王玲玲等研究了荷叶的化学成分，从中分离、鉴定出多种黄酮类化合物及荷叶碱化合物。

黄酮的功效是多方面的，它是一种很强的抗氧剂，可有效清除体内的氧自由基，如花青素、花色素可以抑制油脂性过氧化物的全阶段溢出。黄酮阻止氧化的能力是维生素 E 的十倍以上，这种抗氧化作用在一定程度上可以阻止细胞的退化、衰老，也可阻止癌症的发生。黄酮还可以改善血液循环，降低胆固醇。有的黄酮类化合物含有一种PAF抗凝因子，可大大降低心脑血管疾病的发病率，也可改善心脑血管疾病的症状。

荷叶碱中含有多种有效的化脂生物碱，能有效分解体内的脂肪，将其强劲地排出体外。同时能密布于人体肠壁上，形成一层脂肪隔离膜，阻止脂肪的吸收与堆积。荷叶碱还具有一定的排毒功效，能有效地打通人体的各类代谢通路，清除自由基，调解脏腑功能。除此之外，它还能清心火、平肝火、泻脾火、降肺火以及清热养神，从而调解内分泌，改善人体微循环。

总之，荷叶碱是一种应用于降脂、降压等方面的保健成分，也是受西方权威医药学会赞誉的"降脂圣品"。据初步统计，国内几乎80%的减肥保健品生产企业会添加低浓度的普通荷叶碱，以达到减肥效果。

荷叶香气与膳食

中国饮食追求色、香、味、形、艺的有机统一，在口味的基础上，强调香气，突出主味，使之增香增味。荷叶的清香气，为人们在炎炎夏日享受荷花盛宴增添了特殊韵味。

20世纪末，傅水玉等人专门对荷叶的香气成分进行了研究，其分析结果及嗅觉鉴定表明，荷叶清香味主要来自顺-3-己烯醇及乙酸脂，其中，顺-3-己烯醇含量高达40%左右，是荷叶的主要赋香成分。其他含氧化合物则对荷叶的香味起了协调和增强的作用。

荷叶香味成分中，倍半萜烯和单萜烯也占了一定的比例。倍半萜烯类化合物具有抗肿瘤的重要生理活性，能有效抑制癌细胞的生长。在治疗或调理心理方面，能适度地发挥镇定作用。单萜烯的生理作用是：帮助消化、调解黏液分泌、止痛抗风湿，也可用于调理或治疗神经受到惊吓。同时强化一个人的精神结构与坚韧不拔的力量，增进活力。

综上所述，在酷暑炎夏，食用鲜嫩的荷叶制作的美食，不仅可缓降暑气，使人神清气爽，还能促进人们身体健康。

碧筒饮

碧筒饮是一种饮酒方法，据载，此饮酒法为唐人发明。晚唐段成式所著的《酉阳杂俎·酒食》一文中有载："历城北有使君林。魏正始中，郑公悫三伏之际，每率宾僚避暑于此。取大莲叶置砚格上，盛酒二升，以簪刺叶，令与柄通，屈茎上轮菌如象鼻，传吸之，名为碧筩（亦作"筒"）杯。历下学之，言酒味杂莲气，香冷胜于水。"简而言之，就是采摘刚刚舒展开的新鲜荷叶盛酒，将叶（鼻）捅破使之与叶柄相通，然后从柄管中吸酒，人饮莲柄，酒流入口中。用来盛酒的荷叶，称为"荷杯""荷盏""碧筒杯"，因为柄管弯曲状若象鼻，故又有"象鼻杯"之称。

宋至清代有不少文人撰写描述"碧筒"的诗文，尤以清代为甚。应该说，这一习俗是中国古代酒文化中的一枝奇葩。如今，想象古人以荷叶为杯而饮酒，不仅可以领略到夏天荷塘月色的旖旎风光，更让人感受到中华传统文化的温厚意蕴。如今在山东济南一带，每逢荷花盛开之际，人们还有碧筒饮酒的习俗。以荷叶为杯，饮酒不仅可以领略到夏日荷塘的旖旎风光，还能感受到中国传统文化的温厚意蕴。

碧筒饮不仅赏心悦目，还可食疗健身。如前所述，荷叶具有清热凉血、健脾胃的功效，以略带苦味的荷叶汁液和酒入口，能够清凉败火，消暑保健。

膳谱摘选

荷叶瘦肉汤、荷叶水鸭汤、西瓜皮荷叶海蜇汤、绿豆荷叶牛蛙汤、冬瓜荷叶老鸭汤、荷叶扁豆汤、荷莲北京鸭、荷叶包肉、荷叶包鸡、荷叶包鸭、荷叶包饭、荷叶散、荷叶茶等。

荷花花粉

荷花花粉是荷花雄蕊最精华的部分，是荷花中最难得的精品。研究表明，荷花花粉营养成分高于任何花粉，富含蛋白质、氨基酸。具体而言，蛋白质含量为20%～30%，氨基酸含量为26.41%。其中，必需氨基酸占氨基酸总量的45%，且各种氨基酸组成平衡。荷花花粉还富含多种维生素，如：维生素B1、B2、C、A、E等，特别是维生素E含量达74.3mg/100g，高于其他花粉数倍。就微量元素而言，荷花花粉中锌、锗含量较高，特别是油脂中的不饱和脂肪酸含量为其他花粉所不及。经现代医学和临床实践证明：荷花花粉可改善梦遗、泄、吐、崩、带、泻痢等症；可改善脾虚久泻、食欲不振之症；适用于心肾不交、心疾失眠人士的康复；可调节内分泌，排除体内毒素，改善女性因内分泌失调而引起的经期和更年期不适；能促进皮肤新陈代谢，祛除各种色斑、痘类，使肌肤洁白、柔嫩、滋润、富有弹性，达到健康美容的目的；对改善前列腺炎、前列腺功能紊乱、前列腺肥大有较强的预防和食疗保健作用；能提供人体所需的多种营养素，对缓解过敏、紧张和焦虑，以及保持体力、精力和耐力有明显的作用。

综前所述，荷花花粉是营养及口感均佳的花粉，不愧为"花粉之王"。

莲蓬

研究表明，莲蓬的化学成分主要有：蛋白质 4.9%，脂肪 0.6%，碳水化合物 9%，粗纤维 1%，灰分 1.2%，胡萝卜素 0.02%，硫胺素 0.17%，核黄素 0.09%，尼克酸 1.7%。此外还含有金丝桃甙、槲皮素二葡萄糖甙及维生素 B1、B2 等。

林洪编撰的《山家清供》是一部重要的食谱类书籍，书中把梅花、牡丹、荷花等十几种鲜花纳入可餐之列。以莲为食材的菜如"莲房鱼包"，又名"渔父三鲜"，这里的"三鲜"即莲蓬、藕和鱼，具体做法是："将莲花中嫩房去须，截底剜穰，留其孔，以酒、酱、香料和鱼块实其内，仍以底座瓯内蒸熟；或中外涂以蜜，出碟，用渔父三鲜供之。"

除了做菜，莲蓬还具有一定的药用功效。《本草拾遗》中记载：莲蓬"主血胀腹痛、产后胎衣不下"；《本草纲目》曰：莲蓬可"止血崩、下血、溺血"；《本草汇言》载有："止血痢，脾泄"；《握灵本草》中记述："烧灰止崩带、胎漏、血淋等症"等。综上所述，莲蓬具有以下功效：消瘀，止血，去湿，治血崩、月经过多，胎漏下血，瘀血腹痛，产后胎衣不下，血痢，血淋等。

荷花

膳食价值

《山家清供》中有一食谱"霞羹"，其烹制法为："采芙蓉花，去心、蒂，汤瀹之，同豆腐煮，红白交错，恍如雪霁之霞，名'雪霞羹'。加胡椒、姜亦可也。"

现代药理研究也发现，荷花中含有槲皮素、木樨草素、异槲皮甙、山柰酚、山柰酚-3-半乳糖葡萄糖甙、山柰酚-3-二葡萄糖甙等多种黄酮类。

荷花瓣性温味苦甘，具有活血止血、化瘀止痛、消风祛湿、清心凉血、补脾涩肠、生津止渴等功效。

食谱选摘

枣泥荷花卷、炸荷花、荷花青鱼片、荷莲北京鸭、荷花炒牛肉、荷花肉丝、荷花鸡片、荷花蛋汤、荷花虾片、荷花炒白菜、荷花冬瓜汤、荷花粥、荷花黄瓜炒肉片、奶油炸荷花等。饮料有荷花茶。

几种食谱烹制法

（1）荷花冬瓜汤

取鲜荷花2朵，鲜冬瓜500克切片，加水1000毫升煮汤，汤成后加食盐少许服食，对夏季低热、口渴心烦疗效较佳。

（2）荷花粥

荷花瓣阴干，切碎备用。用100克粳米煮粥，待熟时加入荷花10～15克，煮开即成。常服荷花粥，可使皮肤光滑细腻，延缓衰老。

（3）荷花黄瓜炒肉片

原料：鲜荷花3朵摘成瓣、瘦猪肉片300克、去皮黄瓜片30克、鸡蛋清、各种调料和植物油等适量。

制作：猪肉片放入碗内，加入精盐、味精、白糖、鸡蛋清、湿淀粉拌匀，上浆；将鲜汤、味精、胡椒粉、黄酒、精盐、湿淀粉放入碗内调匀，兑成芡汁；炒锅放于旺火上，放油烧至四成热，倒入肉片，用筷子轻轻拨散滑透，捞出沥油；锅内留底油，下葱花、生姜片炒香，再放已滑好的肉片、黄瓜片和兑好的芡汁，翻炒后淋上热油，撒上荷花瓣，再翻炒几下即可。

（4）奶油炸荷花

原料：白荷花瓣16片、鸡蛋清75克、菠菜75克、面粉40克、核桃酱150克、精盐3克、味精1克、色拉油500克。

制作：将菠菜洗干净，剁碎，用少许油炒一下，放入精盐、味精，拌匀成馅心；将荷花瓣用清水洗净，沥干水分，平放在木板上，抹上一层菠菜馅，然后顺长方向对折呈夹心状；鸡蛋清放入碗内，用竹筷抽打起泡，再放入面粉，搅拌均匀成蛋糊；炒锅置中火上，烧至六成热，将折好的荷花包挂满蛋糊，放入锅内，约炸1分钟捞出，待油七成热时，放入复炸一次，然后立即捞出，沥去油放入圆盘内，核桃酱放在盘边即成。

第七章 荷之纹饰

发展概况

传统荷莲纹的运用，包括莲花、莲叶、莲子、莲蓬以及茎（藕）这几个主要部分。莲纹饰作为中国传统图案、线条等纹样之一，也有着它自身的发展历程及特殊意义。

走进博物馆，或是翻开中国艺术史，我们会发现自六、七千年前的新石器时代后期到近代，荷莲纹在历史上留下了不可磨灭的足迹，描绘了光辉灿烂的篇章。不同的时代有着不同的审美情趣，需要不同的装饰风格与时代精神相适应。袁承志研究认为："从莲花图像演进的时间推移来看，不同时期呈现出不同的形态特征，魏晋南北朝时期莲花图像清瘦飘逸、流畅潇洒，且早期花瓣瘦长、瓣端较长，晚期花瓣偏胖、端尖翘起；隋唐莲花图像形态丰满、线条饱满；宋代莲花素淡幽雅；元代莲花图像端庄敦厚；清代莲花图像繁缛精

大汶口白陶封口鬶

巧，这是和当时的社会政治、经济、时代风格分不开的。"然而，虽然莲纹的样式在不断变化，但人们求福、求喜、求吉祥的心理诉求一直没有改变，蕴含着吉祥意味的莲纹起着不可替代的作用，因此莲纹图像文化经久不衰，应用领域愈加广泛。

新石器时代后期，陶器生产逐渐获得发展，古人开始在陶器上刻画一些动、植物造型或饰纹。这时，美丽的荷花形象已进入人们的视野，所体现的荷文化已十分精彩。1977年，山东莒县出土了大汶口文化（约公元前5000年）的白陶封口鬶。此物高24厘米是烹煮食物用的三袋足陶器，在其封口处有一个形象逼真的莲蓬状透气筛眼。倘若当时制陶艺人不曾见过莲蓬，是不可能凭空臆造出来的。另据考古报道称，在长江下游杭州良渚文化（约公元前4000年）的出土陶片中亦发现有莲纹的装饰。

张薇、王其超通过查阅考古成果，总结了唐五代以前我国装饰领域里的荷文化，所列内容翔实，令人不得不感叹荷文化之丰富灿烂。荷花的叶、蕾、花、蓬、藕等生长过程中的所有形态，统称为荷元素，不论是原始型还是抽象型的荷元素，其形美、蕴美妙不可言。荷花象征着和平、吉祥、幸福、圣洁，故适用于多种器物。据初步统计，采用荷花装饰的器物达40余类，各类中所含的品种更是不计其数。荷花的这种优势，更增添了它的文化魅力。

1923 年，河南新郑李家楼郑公大墓出土了一对莲鹤方壶，该壶造型宏伟气派，装饰典雅华美，器形硕大、曲线优雅、工艺精湛、纹饰精美，通高竟达 126.5 厘米，口长达 30．5 厘米。壶冠呈双层盛开的莲瓣状，莲瓣肥硕盛开，中间平盖上立一展翅欲飞之鹤，一静一动，一花一鸟，构思新颖，设计巧妙，融清新活泼与凝重神秘为一体，体现出春秋中期欣欣向荣、蓬勃向上的社会精神风貌。整个壶的造型优美新颖，艺术构思巧妙，与商朝厚重而庄严的青铜器形成了鲜明对比，莲鹤方壶体现了春秋时代青铜礼器的风格与趋向，堪称"青铜时代绝唱"。

随着时代的发展，荷花纹样装饰应用更为普遍。蒋赏研究认为，荷花纹饰在民间艺术中随处可见，屋脊、砖雕檐头、石门墩、桥栏杆、石槽、牌坊额饰等石雕；窗棂、门楣等用具上的木雕；磐铁铸器件；衣裙、门帘、鞋帽、围裙、裹肚、花帐、万民伞、香包、手巾、枕顶、包袱、桌裙、毯、被、面花、剪纸、年画、挂牌、玩具等器物的纹饰。其中，在婚嫁陪房、洞房窗花、新娘衣物和小孩满月、生日时装饰最为多。

荷花纹样在古今陶瓷装饰工艺中应用较多，尤其是现代瓷器工艺，已独立形成一门特异的"粉彩盘画"艺术。但它的传统寓意或宗教意味已渐渐变淡，今天陶瓷装饰中的荷花纹样主要是为了满足欣赏者对于自然的热爱。艺术家们通过对荷元素的真实物象进行提炼、取舍等处理，形成具象语言的表达，它带来的是一种直观、明了的视觉美感。当然荷元素的具象形态表现还有很多，其造型形态各异、栩栩如生，充分体现了荷莲是一种精神文化的象征。

几种主要莲纹特点

青铜器莲纹

莲鹤方壶（西周晚期）

梁其壶（西周晚期）

曾伯陭壶（春秋早期）

蔡侯莲瓣盖铜方壶（春秋）

我国用莲花作为装饰在夏、商之前就已出现，在周代获得了初步发展。这时的莲纹缺乏写实感，属于较为抽象的莲纹，莲鹤方壶为其典型的代表。除此之外，具有代表性的还有梁其壶、曾伯陶壶、蔡侯莲瓣盖铜方壶，它们的盖上都有青铜莲花瓣的构成，每一片莲瓣为镂空的环带纹形式，瓣前端向外开展。

一般人们对于莲花纹的认知，最明显的莫过于其中蕴藏的佛性。但胡晓欢经研究后认为，早期的莲花纹样与佛教并无关联。商周时期的器物主要是青铜器，莲花纹饰是较少见的，至春秋时期，青铜器主要以"壶"型为主，突破了传统青铜器凝厉、威严的风格，显得瑰丽清新，活泼自由，成为该时期时代精神的反映。

战国陶器上的莲纹基本上延续了春秋时期的风格，但莲瓣数量明显减少，到了战国中晚期，青铜器上的莲纹开始趋于写实。

陶瓷莲纹

1.陶瓷莲纹历史特征

莲花纹饰出现在我国瓷器上面，首见于东晋的青瓷。东晋晚期，瓷器上开始出现了简单的莲瓣纹，但饰有莲瓣纹的器物数量有限，品种也较少，且装饰技法较单调，多属划花、刻花之类。

南北朝时期，瓷器的莲纹丰富多彩，蔚为大观，尤其是封氏墓出土的仰覆莲花尊，每层莲纹的样式和处理手法都各不相同，其丰富的变化与壮观的形制都是前所未有的。从众多的出土资料可以看出，此时的莲纹大多是以佛教艺术为母范而发展变化来的，因此富有浓重的宗教色彩。南北朝制瓷艺人用他们的聪明才智，把富于装饰性的莲纹与我国传统的瓷器造型巧妙地结合起来，丰富和发展了中国陶瓷的装饰艺术。

东晋青瓷莲纹碗

宋青釉刻花托盏

东晋青瓷莲纹罐

青瓷莲纹—透雕七宝香炉

隋唐是中国封建社会经济、文化的重大发展时期。在三国两晋南北朝陶瓷成就的基础上，隋唐瓷器进入了全面发展阶段。繁荣昌盛的唐帝国对外来文化具有兼容并包的宏大气魄，南北朝时期带有宗教色彩的莲纹此时已变成具有中国特色的艺术形式，逐渐成为现实题材并普遍为民间艺术所采用。

唐代以前，我国瓷器上的莲纹一直未能突破图案化、抽象化的模式。湖南长沙铜官窑首创的釉下彩绘新技法，将绘画艺术引入瓷器装饰领域。完整的莲荷图案、水禽莲池图案开始以国画的形式出现在瓷器上。而花卉纹饰中又以褐绿彩绘的莲荷图案最多。莲瓣饱满圆润，荷叶舒张自如，笔法流畅，形象生动。虽仅寥寥数笔，却尽得写意之妙。这种新的绘图技法突破了图案化模式的刻划纹、印纹的局限，使画面充满了勃勃生机。

北朝青釉莲花尊

青釉刻花六系盖罐

唐青釉彩绘荷花纹执壶　　　　　　　　　　唐青釉褐绿彩双系罐

　　莲瓣纹是元代青花瓷器最常见的边饰，这种经过变形的莲瓣纹，由外粗内细的两道线构成，线条转折生硬，显得棱角分明。瓣与瓣之间均留有空隙，瓣内绘制各种纹饰。莲纹此时已成为诸多装饰题材中的一种，比较常见的有缠枝莲纹、莲瓣纹和写实莲荷纹。

　　莲池鸳鸯和莲池鱼藻是元青花中写实性的主题纹饰。这种纹饰布局繁密，结构严谨，笔法遒劲有力，生动自然。莲花的花瓣状如饱满的麦粒，荷花、荷叶、莲蓬都不填满色，鸳鸯、水藻都带几笔水纹，仿佛水在流动。这类画工精湛的作品艺术效果远远超过了一般的图案纹饰，是元青花中的精品。

　　明代鸳鸯莲池纹一改元代繁密的布局，画面疏朗有致。1988年，景德镇御窑厂遗址出土了一个宣德斗彩鸳鸯莲池纹盘。纹盘盘心画有三丛莲花，一对飞翔的鸳鸯雄上雌下，相互呼应，茨菇、芦苇、浮萍穿插其间。鸳鸯的双翅和水波纹用青花绘制，彩料部分先在胎上刻出浅细的轮廓线，施釉烧成后再按釉下轮廓线填绘彩料。荷叶

元青花缠枝莲大碗

用没骨法渲染，莲花先勾出花瓣轮廓，然后在瓣内填绘红彩。纹饰舒展，线条流畅，画面清新秀丽。成化斗彩器物上的鸳鸯莲池纹与宣德年间的基本相似，但彩绘部分不在釉下预刻轮廓线。纹饰的线条柔和纤细，色彩淡雅。明代后期的鸳鸯莲池纹画工草率，色彩堆砌，构图凌乱，不能和早期相比。

（明）宣德斗彩鸳鸯莲池纹盘

（明）成化斗彩鸳鸯莲池纹盘

清代是中国彩瓷艺术发展的最高峰，青花、斗彩、五彩、珐琅彩等各个品种五彩斑斓，争奇斗艳。以莲荷为纹饰的器物品类繁多，数量甚多。

清代莲荷题材中成就最高的当属康雍乾时期的写实莲荷纹。故宫博物院收藏的康熙五彩描金莲池纹凤尾尊，颈部和腹部满绘了两幅完整的莲荷图。莲瓣丰腴饱满，荷叶舒展自如，莲丛中点缀着芦苇、茨菰、浮萍，水鸟鸣叫，彩蝶飞舞，画面看起来生机勃勃。色彩浓艳的红莲绿荷与一朵用金彩描绘的莲花交相辉映，整个画面金碧辉煌，宛如一幅精美的工笔国画。天津艺术博物馆收藏的雍正"二年试乙号样"款粉彩莲纹盘，"盘内壁粉彩绘出荷花纹饰，共画八朵荷花，三朵盛开，五朵含苞。这些荷花都是先用黑彩勾勒出花瓣的轮廓线，再填淡粉彩进行渲染，然后用深粉色在花瓣尖端略加点缀，使花朵明暗层次清晰，彩色秀丽温雅。荷花周围配几片荷叶，或肥硕碧绿，或残败苍劲，从而更衬托出荷花亭亭玉立、香远益清的高雅风姿。"清新的画面，纤巧的笔法，柔和的色彩，形成了雍正工笔花鸟图案清雅秀丽的风韵。

清乾隆时期，瓷器装饰雍荣华丽，刻意求精，但由于过分追求规整和工细导致了繁冗和堆砌，艺术上的倒退使莲纹失去了昔日的生机。在斑斓的色彩、华贵的外表下，隐含着僵化、呆板和滞气。乾隆中期以后，随着封建社会的衰败，陶瓷工艺也开始由盛转衰。各种以荷莲为纹饰的器物虽然数量众多，但艺术上已远不能和前期相比。

魏永清研究了康雍乾时期瓷器莲花纹装饰的特征，他得出的结论是："清代康雍乾三世，是中国瓷器制造的黄金时期，在瓷器制造方面取得很大成就，其瓷器品质之精、造型之多样、彩釉之丰富，

五彩描金莲池纹凤尾尊

粉彩莲池情趣纹笔筒

"二年试乙号样"款粉彩莲纹盘

金地粉彩荷花纹盖碗

装饰之题材是前朝无法比拟的。这一时期瓷器莲花纹饰简洁多变的造型手法、丰富饱满的视觉效果、绚丽多彩的釉色表现、精湛高超的制作工艺、丰富多变的装饰构图，使得康乾时期瓷器莲花纹饰更加灵动，更具有艺术魅力，备受人们的追捧。在中国陶瓷发展历史中留下浓厚的一笔，成为历史的标榜，很值得现代人去分析、研究、借鉴。"

作为中国传统的吉祥纹样，清三世瓷器莲花纹饰不仅表现形式多样、优美，而且蕴涵着丰富的文化内涵，这种带有文化情结的纹饰图案刺激了我们的视觉，净化了我们的心灵，引发我们无限的遐想。同时我们可以从中解读康乾时期政治、经济、文化和民俗发展状况。

对清三世莲花纹装饰艺术的研究，除了是对莲花文化的一个重要方面的总结外，更重要的是要科学地继承、创造性地吸收，并灵活运用到艺术创作中，从而推动现代陶瓷的装饰艺术的发展。

当今很多陶艺家都积极使用莲花纹样进行装饰，并在传统的表现技法上加以改进。它们有的弱化原有莲花纹样严整规矩的装饰特征，改为以纯粹自然的曲线弧度及色彩来表现；有的利用刻、绘结合的方法，在三维与二维的综合空间中表现莲花纹样的立体质感；有的利用色釉的窑变效果，安排不同釉色在熔融流淌的过程中形成莲花的造型，从而在似与不似中表现出一种淋漓的水墨效果，且因其难以模仿的特征而价值不菲；还有一些陶艺家打破旧有的一成不变的重复骨架，利用平面构成中的"突变"方式寻求统一中的变化，如夸大花头的体量时相应地缩小莲叶的体积，从而形成一种独特的反差效果，使得莲花纹样拥有了新的生命力。

现代新彩盘

现代新彩瓶

现代新彩盆

现代新彩罐

2.陶瓷莲纹技法特点

鲁方研究了中国出土瓷器的莲纹，认为其装饰技法主要有贴花、刻花、划花、印花、剔花、堆塑、随形成器、彩绘等。这些技法的出现，流行，演变与各个历史阶段社会发展状况及特征紧密相关。这些技法有的盛极一时，有的不断发展，有的昙花一现或偶现踪迹。鲁方从出土瓷器中广泛查阅、细心对比，初步探清了荷纹样不同技法出现的规律。

贴花纹样具有很强的立体感，形象生动逼真。这种技法出现于汉代，三国两晋南北朝及隋唐时期比较流行。

刻花在瓷器上应用十分普遍，常与划花、剔花结合使用，主要流行于南北朝、宋金时期。莲纹刻即在瓷器表面用刀具刻画莲瓣、莲叶、莲蓬等纹样，其花形式复杂多样。

划花技法出现时间比较早，在原始陶器上已有，以晚唐至北宋越窑为代表。莲纹划花，即在瓷器表面用尖锐的工具划画莲瓣、莲叶、莲蓬等纹样，其形式多样。

印花技法出现的时间很早，可追溯至新石器时代的陶器印花，至隋唐时期有了较大发展，宋代达到高峰，以定窑印花盘为代表。莲纹印花，即以莲花、莲叶、莲蓬为印模图案或图案的一部分内容，其形式多样。

剔花装饰技法流行于宋金辽时期河北、河南、山西等窑场，以磁州窑、当阳峪窑最为著名。剔花莲纹也多见于上述窑场。

堆塑技法在三国两晋时期较为流行。莲纹堆塑，指以莲花、莲瓣、莲叶为模样，堆塑在器物上，青釉莲花尊是其代表作品。

随形成器，指以手捏或模制的方式，根据莲花、莲叶的模样塑造器物，如莲叶形笔舔、莲蓬形香薰以及用莲花、莲叶的造型塑成器物的某一部分。

彩绘，在汉、唐期初现并有较大的发展，元、明、清时期最为盛行。凡出现莲花、莲瓣、莲蓬纹样的彩绘图样均属于莲纹彩绘。莲纹彩绘按莲纹的重要性分两种情况，一是莲纹作为主题纹样，二是莲纹作为辅助纹样。

服饰莲纹

1. 历史概况

服饰体现了一个民族的文化精神和审美取向，也代表着一个民族的心理、气质、品格、神韵等。

莲纹是我国丰富多彩的装饰纹样中的典型纹样。从唐代开始，植物花卉纹样已成为服饰纹样的主要装饰题材，而莲花纹样作为植物花卉纹样的一种在唐代服饰中初见端倪。其后，莲纹作为服饰装饰纹样逐渐被运用。至明清时期是服饰莲纹运用的发展期，现代尤其是近 30 年来，莲纹服饰的应用达到历史高潮。

丁文月研究了莲纹纹饰在现代服装设计中的运用，总结了历代服饰中莲纹的表现形式及特点。

唐代是我国封建社会的鼎盛时期，精神文明和物质文明都达到了历史的高峰。这一时期纺织品美术得到了高度发展，各种形式的图案层出不穷，如朵花、组花、团窠纹、花鸟纹等。唐代服饰图案题材丰富、形式新颖，总的造型特征是：构图活泼自由、疏密匀称、丰满圆润、富丽典雅、英武豪迈。莲纹在唐代服饰中主要以团花式莲纹、缠枝式莲纹、自由散点式莲纹的形式出现。

宋辽元时期服饰中的莲纹风格趋向轻淡自然、端严庄重，莲纹造型趋向写实，莲纹形式多样化，出现具有吉祥寓意的服饰莲纹。

明代服饰中的莲纹主要有缠枝莲纹、与几何纹结合的莲纹以及与人物结合的莲纹等形式。明代缠枝莲纹花头硕大丰满、光艳富丽，具有典型的明代风格。另外还有一些缠枝莲纹是莲纹和其他花纹的组合，纹样花满地紧，明朗大方。

莲纹在清代服装中运用的范围比较广，其主要出现的构成形式有：团花莲纹、缠枝莲纹、折枝莲纹、写生散答花式莲纹、二方连续式莲纹、独幅式莲纹等。

2. 莲纹在现代服饰设计中的运用特点

在中国的传统文化中，莲纹有着特殊的吉祥寓意，被广泛运用于服饰面料上。莲纹因其纹样秀美典雅，一直受到人们的喜爱。近年来，随着科技的进步，面料的生产技术和工艺获得了快速发展，与此同时，人们对于时尚的渴求愈发强烈。莲纹紧随时代潮流，在服饰设计运用中灵活多变，大放异彩。

3. 莲纹在服装设计中的主要运用方法

（1）平面印花　平面印花是纹样在服装设计中应用最为频繁的手法。莲纹将平面印花的手法运用到现代服装中主要是通过写实、抽象和夸张等形式。用这种手法设计的莲纹图案清晰、美观大方、高雅华贵，在一些网络展览中，荷花印花布料种类及衣帽、鞋包品种等多不胜数。

印花棉麻布料，图面丰满，色彩艳丽而厚重，用于裁剪女士长裙，或作窗帘、沙发、台桌布材料。为抽象处理过的莲纹印花，花纹庄重典雅，图面色彩富有深浅变化，其间立有一鹭鸶，十分逼真，该布料

荷花布料

荷花布料

淳朴自然，美丽清新，适宜裁剪长裙或旗袍。

印花棉麻布料制成的长袖连衣裙，上面印有荷花，集艳丽、庄重、大方为一体，具有复古中式民族风女装特色。改良式修身短款时尚旗袍，白底红花，清新亮丽，彰显出着装者复古优雅之气质。

莲花印花改良短旗袍，图面蓝、白为主，红花点缀，有古典风雅之趣，又具文俊俏丽之美。

青年时尚莲花印花卫衣，图面犹若在洁白的背景中印上了简洁的墨荷画。

长袖连衣裙　　　　　　　　　　修身短旗袍

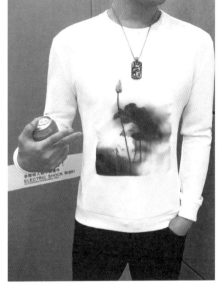

短袖连衣裙　　　　　　　　　印花男长袖衫

棉麻防晒外衣，外衣杏黄色的底纹上印着粉红色的莲花，颜色协调，莲纹造型夸张，整体绚丽动人，潇洒大气。

烫金缠枝云莲印花缎丝绸制成的连衣裙，图面中荷花花朵均匀点缀，花朵由细蓝色缠枝相连、绵延曲卷、柔曼多姿，寄托着人们生生不息、幸福绵长的美好愿望。

（2）手绘

手绘是服装设计中一种新兴的装饰形式，一般利用纺织品绘画颜料、染料、涂料及丙烯颜料绘制，主要是运用国画的手法在洁白或素雅的布料及成品服装上面直接手绘出图案。在不影响服装使用性的基础上，可增添其观赏性。

手绘色彩因不受工艺设备的限制，而与印花色彩大不相同，具

长款防晒衣

缠枝莲印花连衣裙

台湾画家现场手绘

现场手绘完成

有无限的可变性。它的色彩可以浓艳厚重，也可清新淡雅，可达到颜色浓淡相宜、层次分明、浑然天成的效果。且较机器印染而言，艺术效果更高、成本较低。

　　云南丽江民族风大摆长裙，上面手绘有不规则的荷花图案。该长裙重心在下部裙摆和双袖处的荷花图案里。荷花随裙摆及双袖飘逸起舞，生动活泼。手绘荷花开领女裙，裙上的荷花在淡绿色背景的衬托下，更具自然之趣。整条裙子清新亮丽，让人仿佛置身于夏日雨后的湖塘边，微风吹过，送来丝丝荷香，颇有清凉惬意之感。

　　手绘不受材料大小与形状的限制，可直接在鞋子、伞、包、靠垫、帽子、抱枕等物品上绘制出独特新颖、富有创意和品位的荷花装饰图案。

手绘女大摆裙　　　　　　　　　手绘开领短袖女裙

手绘荷花帆布鞋

手绘油纸伞

中国风荷花手绘包

（3）刺绣

　　刺绣是一种在平面布料上进行立体加工的技艺，刺绣工艺年代久远、沿传迄今、经久不衰。刺绣作为一种不断传承的民间工艺，是中国农业文明时期参与人数最多、传播最为广泛、与人们的生活结合得最为紧密的一种图像方式。它既体现了朴拙之风，又展现了人们对美好生活的向往之情。尽管刺绣没有高深的美学、艺术理论，是典型的"下里巴人"艺术，但它的影响力却超过了绘画。人们将刺绣穿在身上，在民间广泛流传，始终沿袭着自己的特有表达方式及传承模式。

从艺术角度上来说，无论在造型、色彩、工艺还是图案纹样上，民间荷纹刺绣不仅具有极高的审美价值和深刻的文化意蕴，还体现了老成练达的平淡之美。其色彩比例和构图体现了佛道两家"虚实无有"与"大象无形"的生活基调，让人可获得直观美和精神寓意美的享受。

荷花刺绣太极练功服。太极拳讲究刚柔相济之美，动作上圆润流畅、虚实变化，符合东方文化的审美和美学特征，而穿着宽松飘逸的荷花刺绣服装练太极拳，犹如置身"无为"与"大道"的特殊幻境中。复古荷花刺绣连衣裙，蓝底红花、花色艳丽，穿着宽松，显得稳重、大气。

现代荷花刺绣鞋垫，它不仅具有装饰美，更有一种"脚踏莲花"的深刻寓意美。

荷花刺绣太极服

真丝旗袍

荷花刺绣太极练功服

荷花刺绣连衣裙

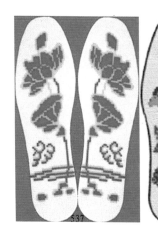

荷花刺绣鞋垫

荷花刺绣肚兜

第八章 荷之文学

荷花是最早进入中国文学视野的植物之一，早在《诗经》中就有荷花的相关描述。据王力健所著的《中国历代咏荷诗文集成》统计，唐以前咏荷的诗词歌赋就达 4460 多首；另据潘富俊在《中国文学植物》中统计，至近代，荷花在文学作品中出现的次数达一万多次。俞香顺通过北京大学中文系的全唐诗检索系统检索发现，在《全唐诗》及《全唐诗补编》中，与"荷"相关的单句有 2596 个（其中含"荷"908 个，"莲"1212 个，"芙蓉"476 个），而"梅"有 1079 个，"牡丹"仅有 133 个。据罗霓霞粗略统计，涉及荷（莲及其他别称）的诗歌数量占《全唐诗》诗歌总数的二十分之一。直至宋初，咏荷诗作仍居花卉文学榜首。除柳之外，荷花是中国文学中出现频率最多的植物，其地位可见一斑。

古典文学作品中梅、牡丹与荷出现频率统计比较表

单位：次

	诗经	楚辞	先秦魏晋南北朝诗	全唐诗	宋诗	全宋诗	元诗选	全金元词	全元散曲	明诗综	全明词	全明散曲	金瓶梅	清诗汇	全清散曲	红楼梦	合计
梅	4	0	95	877	888	2883	402	363	354	184	1407	779	33	936	395	24	9624
牡丹	0	0	5	200	99	271	45	48	38	8	131	178	11	53	39	7	1133
荷	5	10	353	2071	504	1539	483	315	362	352	1369	1024	31	1097	472	37	10021

社会在不断地发展，荷莲文学作品亦如此。现代咏荷者甚多，其中最突出的代表是文化部原副部长高占祥，他于20世纪90年代末先后出版《咏荷》《清莲颂》两本诗集，其咏荷诗高达800多首，创下世界个人咏荷诗（上海）吉尼斯纪录。

咏荷作品选摘

叶嘉莹认为，中国古典诗词最能够代表中国文化，经过几千年的大浪淘沙，现在留下来的作品可谓是中华文化中的精华。据此我们认为，现存的近5000首咏荷作品，也是荷文化的精华。它们是作者从他们的生活实践中提炼和加工出来的，这些作品饱含着作者的情感、理想、意志与品格。今天，就让我们徜徉在荷花文学之花海里，随意采摘数十片，或浅尝辄止以赏，或蜻蜓点水以析。尽管稍显浅薄，偶尔可能会有偏解作者原意之处，但我们或多或少将欣赏到原作者

的精美文辞，感受到古人的高尚人格情操以及丰富的思想情感。

诗经·泽陂

彼泽之陂，有蒲与荷。有美一人，伤如之何？寤寐无为，涕泗滂沱。

彼泽之陂，有蒲与兰。有美一人，硕大且卷。寤寐无为，中心悁悁。

彼泽之陂，有蒲菡萏。有美一人，硕大且俨。寤寐无为，辗转伏枕。

这是一首女子在水泽边思念心上人的情歌。当她看见池塘边郁郁葱葱的香蒲、荷花、兰草时，不由得触景生情，想起自己倾慕的小伙子，顿时心烦意乱，六神无主，以至于夜晚辗转反侧，遂唱出了此篇诗歌以抒发愁闷。

楚辞《离骚》（节录）

屈原

制芰荷以为衣兮，集芙蓉以为裳。

不吾知其亦已兮，苟余情其信芳。

高余冠之岌岌兮，长余佩之陆离。

芳与泽其杂糅兮，唯昭质其犹未亏。

佩缤纷其繁饰兮，芳菲菲其弥章。

民生各有所乐兮，余独好修以为常。

屈原在被楚怀王冷落后，用洁净、芳香的荷花、荷叶作为衣裳来装扮自己，以外表的修饰来表明内在的修德，以芳香的服饰象征内在的品格高尚。这是最早的以荷花喻品格高尚的君子的作品。

汉乐府·涉江采芙蓉

涉江采芙蓉，兰泽多芳草。

采之欲遗谁，所思在远道。

还顾望旧乡，长路漫浩浩。

同心而离居，忧伤以终老。

　　《涉江采芙蓉》是一篇游子思乡之作，诗歌采用了"思妇词"的"虚拟"方式，并借思妇口吻，"悬想"出游子"还顾望旧乡"的情景。表达了游子的苦闷、忧伤的思乡之情。

汉乐府·相和曲

江南可采莲，莲叶何田田！鱼戏莲叶间。

鱼戏莲叶东，鱼戏莲叶西，鱼戏莲叶南，鱼戏莲叶北。

　　在江南可以采莲的季节，湖塘里莲叶生长得挤挤挨挨，是多么的茂盛且劲秀挺拔！鱼儿们在莲叶之间嬉戏，一会儿嬉戏在莲叶东面，一会儿嬉戏在莲叶西面，一会儿嬉戏在莲叶南面，一会儿嬉戏在莲叶北面。

　　本篇诗歌采用了民间情歌常用的双关、比兴，以"莲"与"怜"暗示"恋"，以象征爱情；以鱼儿戏水于莲叶间来隐喻青年男女在劳动中相互"调情"的欢乐场景。诗歌以鱼儿的游动为依据，以东、西、南、北方位为动态变化，这种复沓而略有改变的描写，显得活泼、自然、有趣。令人联想到采莲人在湖中泛舟的情景，洋溢着一股勃勃生机的青春活力，领略到了采莲人内心的欢乐和青年男女之间的欢愉和甜蜜。这就是这首民歌不朽的魅力所在。

江南可采莲

南北朝·刘缓

春初北岸涧，夏月南湖通。

卷荷舒欲倚，芙蓉生即红。

楫小宜回径，船轻好入丛。

钗光逐影乱，衣香随逆风。

江南少许地，年年情不穷。

本诗通过描写荷叶的舒卷、荷花的娇艳来衬托采莲女的美丽；写小楫轻舟，实际写人的轻灵自由；写"钗光""衣香"，使人联想采莲女的美好形象。此篇诗作表达了作者对自然美或江南美景的热爱；对诗情画意劳动生活的赞美。

咏新荷应诏

南北朝·沈约

勿言草卉贱，幸宅天池中。

微根才出浪，短干未摇风。

宁知寸心里，蓄紫复含红！

那荷茎长不满寸，看上去若有若无。然而谁能知道，那短茎里寓含着的花蕾胚芽，却孕育着万紫千红的将来。只等夏天一到，它就要把那绚丽的色彩，洒满整个池塘。这首诗，既是咏物，亦是抒怀。诗人咏的是荷花，但读者所感觉到的可能是诗人的自我形象。

乐府诗集·子夜歌（节录）

高山种芙蓉，复经黄檗坞。果得一莲时，流离婴辛苦。

我念欢的的，子行由豫情。雾露隐芙蓉，见莲不分明。

遣信欢不来，自往复不出。金铜作芙蓉，莲子何能实。

寝食不相忘，同坐复俱起。玉藕金芙蓉，无称我莲子。

这种五言四句的小诗，大量使用具有江南色彩的称谓语（郎、欢、侬）、谐音、双关语等描写人与人的爱情。抒情是它的基调，即使写景也是为了抒情的需要。这种特殊的文学修辞手法叫"吴歌格"或"子夜体"。在中国文学史上第一次出现这么多种类不同的谐音、双关语及其用法，琳琅满目，美不胜收，令人叹为观止。

子夜四时歌·夏歌（节录）

青荷盖渌水，芙蓉葩红鲜。郎见欲采我，我心欲怀莲。

翠叶红花、湖水清澈，真可谓颜色鲜艳，景色宜人。英俊的美少年见到似荷花含苞待放的美丽女子怎会不一见钟情，彼此倾心呢？

采 莲 曲

梁·萧纲

晚日照空矶，采莲承晚晖。

风起湖难渡，莲多采未稀。

棹动芙蓉落，船移白鹭飞。

荷丝傍绕腕，菱角远牵衣。

此诗开头用了两个"晚"字，强调了特定的时间背景：笼罩着恬静的夕阳余晖的傍晚。第二句中的"风起"、"难渡"透露出采莲女柔弱纤细的形象。后一句为写实白描：采莲的小船在荷丛中穿过，桨儿不时碰落盛开的莲花，花瓣一片片地飞落湖中，惊起了安详地栖息着的只只白鹭。最后一句借物抒情：采莲人欲归了，可是荷丝缠绕着她的柔腕，菱角又牵拽着她的衣裙。实际上是作者留恋这环境，故借采莲人写出。拟人手法运用得十分巧妙，全诗情韵顿生。

咏同心芙蓉

隋·杜公瞻

灼灼荷花瑞，亭亭出水中。

一茎孤引绿，双影共分红。

色夺歌人脸，香乱舞衣风。

名莲自可念，况复两心同。

娇艳的荷花，亭亭玉立，拔水而出。一根绿茎上，开出了两朵红花，其色彩，胜过美人的姿容；其香气，盖过舞女脂粉的芳香。芙蓉已经够让人思念心上人了，何况见到的是同心芙蓉。

首联展现了荷花动态之美；颔联为荷花着色；颈联将花与人作比，突出了荷花的美丽与香味；尾联是点睛之笔，揭示主旨，表达两情相悦的情感。

莲 花 坞

唐·王维

日日采莲去，洲长多暮归。

弄篙莫溅水，畏湿红莲衣。

"江南女子每天去采莲，莲塘广阔，总是傍晚才回来。撑篙的时候不要溅起水花，担心弄湿了红莲般的衣裙。"这首诗写出了莲花坞采莲人的形态，展现了一幅色彩鲜艳的采莲图。本诗最突出的特点是，体察事物细腻，爱物之情真挚。末句只一"衣"字，用拟人化的手法把莲写活了。

采 莲 曲

唐·王昌龄

荷叶罗裙一色裁，芙蓉向脸两边开。

乱入池中看不见，闻歌始觉有人来。

这首诗的大概意思是说，采莲姑娘们绿色的裙子如同田里的荷叶，娇艳的笑脸灿若鲜艳的荷花。她们置身在池塘里，外面的人什么都没发现。直到听见歌声从荷塘深处袅袅传来，人们才知道姑娘们正忙着采莲呢！

白 莲

唐·陆龟蒙

素花多蒙别艳欺，此花真合在瑶池。

无情有恨何人觉，月晓风清欲堕时。

这是一首歌咏白莲的诗，内容似有寄托。它描写白莲花含着怨恨在人们不知不觉中凋谢，暗喻洁身自好的人在黑暗的封建社会里，总是受到冷落和排挤，最终只能默默无闻地被埋没掉。表达了封建时代知识分子的孤芳自赏、怀才不遇心理。

题义公禅房

唐·孟浩然

义公习禅寂，结宇依空林。

户外一峰秀，阶前众壑深。

夕阳连雨足，空翠落庭阴。

看取莲花净，方知不染心。

高僧静静地安坐在禅房里修禅，这禅房坐落在幽静的山林里，禅房对面是一座秀丽的山峰，台阶下面有很多幽深的沟壑。连绵阴雨后的斜阳夕照，映衬着禅房及四周环境青翠、空明、和润、阴凉。看着义公诵读《莲花心经》，方知他怀有青莲花一样纤尘不染的虔诚之心。

此诗描赞风景，褒誉高僧，同时也寄寓着诗人的隐逸之情。

采 莲 曲

唐·李白

若耶溪傍采莲女，笑隔荷花共人语。

日照新妆水底明，风飘香袂空中举。

岸上谁家游冶郎，三三五五映垂杨。

紫骝嘶入落花去，见此踟蹰空断肠。

这首诗是李白漫游会稽一带时所作。诗人栩栩如生地刻画了吴越采莲女的形象，将她们置于青翠欲滴的荷叶丛中来烘托渲染，又用游冶郎的徘徊、爱慕，来反衬她们的娇美，写作手法颇为委婉、传神。

古　风

唐·李白

碧荷生幽泉，朝日艳且鲜。

秋花冒绿水，密叶罗青烟。

秀色空绝世，馨香谁为传。

坐看飞霜满，凋此红芳年。

结根未得所，原托华池边。

作者以幽泉莲花自比，以华池比喻朝廷，比兴手法贯通全诗。莲花，"出淤泥而不染，濯清涟而不妖"，它以高洁的风姿盛开在幽僻的清泉之中，在朝阳的照耀下，显得娇艳美丽。秋天盛开的荷花，极具幽艳晚香之韵，在稠密的荷叶的簇拥下，终日青烟萦绕。荷花的秀色高标绝尘，馨香盖世无双。然而，命运不济，这幽泉中的碧荷，因地处偏僻而无人青睐、无人为之传誉，只是徒然来到这喧嚣的尘世。眼看飞霜降临、木叶尽脱，昔日的红颜芳华凋尽，成了枯荷败叶，这大概是立根不得其所的缘故吧！如果托身在华池，那么碧荷必定是风姿绰约，别有一番境遇。因此，从这幽泉碧荷中得到一个启悟寻找一个结根立身之处是多么重要。全诗通篇借咏荷表达作者郁郁不得志的愤懑之情。

莲　　叶

唐·郑谷

移舟水溅差差绿，倚槛风摇柄柄香。

多谢浣溪人不折，雨中留得盖鸳鸯。

　　这首小诗吟咏莲叶，通篇不着一个"莲"字，但句句均未离开莲。诗中不仅描写莲叶的色彩、香味、形象，还特别写了莲叶在风中的动态美：船儿前行，河水溅起，参差的绿荷在风中荡漾，倚在船的栏杆旁，阵阵微风吹来，摇动着一盏盏的荷叶，送来缕缕清香。这首诗不仅从侧面写了人们对莲叶的喜爱，还婉转表达出"浣纱人"内心微妙的情感变化。

采　莲　曲

唐·白居易

菱叶萦波荷飐风，荷花深处小船通。

逢郎欲语低头笑，碧玉搔头落水中。

　　这首诗描写的是一位采莲姑娘腼腆的神态和羞涩的心理。在碧水荡漾、一望无际的水面上，菱叶、荷叶一片碧绿，清风徐来，水波浮动，荷叶随风摇摆。荷花深处有一只小船在轻快穿梭。采莲少女看见了自己的情郎，正想说话却又突然止住，羞涩得在那里低头微笑。不想一不小心，头上的碧玉簪儿落入了水中。"欲语低头笑"既表现了少女的无限喜悦，又表现了少女初恋时的羞涩之态，后两句描写细致、生动、逼真，将人物的神情和细节精心刻画活现、灵动。

心 如 广

唐·黄檗

心如大海无边际，广植净莲养身心。

自有一双无事手，为作世间慈悲人。

心如同大海一般无边无际，横亘四方、竖穷三际；心又像虚空，涵盖万象，不动不摇；此心如同工画师，能造种种物，呈现美丑。此心更远胜于大海、虚空……等世间种种诸物。心是无量无边，变化万端，容纳万有。我们该如何对待这颗心呢？

"广植净莲养身心"，净莲有清净微妙、出淤泥而不染之意。我们要好好地爱护身心，勤修戒定慧，滋养我们的法身慧命，不能允许五欲六尘玷污我们的身心。

"自有一双无事手，为作世间慈悲人"，"无事手"譬喻此心无所住，远离染污。证悟了本来面目的禅者没有享乐，因为还有无量无边的众生仍在生死苦海中轮回。修行学佛之人理应修菩提心，慈悲济世救人，建设更美好的世界！

东林寺白莲

唐·白居易

东林北塘水，湛湛见底青。中生白芙蓉，菡萏三百茎。

白日发光彩，清飚散芳馨。泄香银囊破，泻露玉盘倾。

我惭尘后眼，见此琼瑶英。乃知红莲花，虚得清净明。

东林寺北边有个池塘，池水清澈见底，水中栽有三百多株白莲花。它们在阳光下焕发着光彩，清风拂来，远处都能闻到花香。走近一看，花蕾刚刚绽放，正在吐着芬芳。荷叶上水珠滚动，叶儿轻轻摇摆。我这世俗的眼睛竟然能看到这美玉般的花朵，实在感到惭愧。这才知道红莲白白得了清净的名声。

盆池五首（其二）

唐·韩愈

莫道盆池作不成，藕梢初种已齐生。

从今有雨君须记，来听萧萧打叶声。

别说用盆池种荷不易成活，瞧，刚种下的荷花已经齐刷刷地长了起来。从今以后，请您记着，只要下雨，您就来听那雨打荷叶的声音吧。

赠 荷 花

唐·李商隐

世间花叶不相伦，花入金盆叶作尘。

惟有绿荷红菡萏，卷舒开合任天真。

此花此叶常相映，翠减红衰愁杀人！

世间的花和叶是不同等的，一般人总是重视花，不重视叶。花栽在金盆中，叶子却沦为尘土。唯有碧绿的荷叶衬托着未开的荷花，无论是开放还是合拢的都是天然本性。荷花与荷叶长时间互相交映，一直到荷叶减少、荷花凋谢时，真是令人愁苦至极。

诗的前两句是写花的万幸和叶的不幸，以它们的"不相伦"反映出荷花的独特品质。接着写荷叶的伸张、卷曲，荷花的开放、闭合，种种风姿，天然无饰。古人常以荷花喻君子的美德，借荷花"出淤泥而不染"的特性赞美高洁脱俗、不媚于世的卓然品格。但这首诗，却歌咏了荷花"任天真"的品质，借以赞美真诚而不虚伪的美德。"任天真"，既是写花，又是写人。荷叶、荷花同生同长，互映互衬，红衰翠减仍不相弃。诗人从正反两方面完整地表现了荷花既能同荣、又能同衰的坚贞不渝的品质。

新　荷

唐·李群玉

田田八九叶，散点绿池初。

嫩碧才平水，圆阴已蔽鱼。

浮萍遮不合，弱荇绕犹疏。

增在春波底，芳心卷未舒。

这首诗描绘了一幅池塘荷花发芽的场景。诗人对池塘"新荷"观察极为细致，远看荷叶"田田"，近观"钱叶""嫩碧"；由于它"新"，只能"半在"水下，也由于它"新"，对明天充满了美好憧憬。

《新荷》突出了"新"的特征。诗句较为简约、疏朗和随意。是一幅仅寥寥几笔线条构成的画卷，其色彩颇为柔和，且有大面积的留白，让人充满无限畅意或联想。

渔 家 傲

宋·欧阳修

花底忽闻敲两桨，逡巡女伴来寻访。

酒盏旋将荷叶当。莲舟荡，时时盏里生红浪。

花气酒香清厮酿，花腮酒面红相向。

醉倚绿阴眠一饷。惊起望，船头阁在沙滩上。

　　这首词描写了一群活泼、大胆、清纯的采莲姑娘荡舟湖塘、荷叶作杯、饮酒逗乐的情景。花底敲桨，花映人面，醉依绿阴，风格清新婉丽，且雅且俗，妙趣盎然，使人耳目一新。

　　在碧香万丛的荷荡中慢摇轻舟，几个天真烂漫的姑娘，摘荷叶作酒盏，大家争着吮吸荷梗中的醇酒，好一幅生动而富有乡土气息的女儿《碧筒饮》的行乐图！碧水微波，小舟随晃，而荷杯中的酒，也微微摇动起来，映入了荷花的红脸，也映入了姑娘们红晕的双颊，脸红与花红交相辉映。词风健康明朗，极富生活情趣。

　　荷叶作杯的《碧筒饮》，现今在济南一带仍然流行。但词中所描述的"荷荡美女《碧筒饮》"场景惜未见有。

奉酬圭父白莲之作

宋·朱熹

忽传夔府句，并送远公莲。

翠盖临风迥，冰华浥露鲜。

舞衣清缟袂，倒景烂珠躔。

想象芙蓉阙，冥冥绝世缘。

东林寺高僧慧远所种的白莲（圭父在诗中已提及），莲叶硕大，临风而立，莲花如冰玉般湿润鲜洁，仿佛身穿绿绢衣，翩翩起舞。白莲倒映在水中，虚幻而璀璨醒目。想象自己是身处芙蓉宫阙中，周围冥冥清泠，与尘世绝缘。此诗将莲拟人化，形神兼备，如在眼前。由莲及人，先言莲之外貌及舞姿，继而想象此非人境，与世绝缘。

咏　莲

宋·杜衍

凿破苍苔作小池，芰荷分得绿差差。

晓来一朵烟波上，似画真妃出浴时。

此诗言简意明。先从凿池写起，由池至翠绿荷叶，由莲之叶再至莲花开，循芰荷生长规律，依次渐进。写花不正面来写，则以"真妃出浴"形容。花似玉环，丰满艳丽动人！该诗文任由读者想象，以少胜多，寥寥四句，以尽可能少的文字调动读者的情感，表达了较丰富的内涵。

小　池

宋·杨万里

泉眼无声惜细流，树阴照水爱晴柔。

小荷才露尖尖角，早有蜻蜓立上头。

清亮无声的泉眼、柔情脉脉的树荫、翠绿尖尖的小荷、轻盈鲜活的蜻蜓，一切都是那样的细、那样的柔、那样的优美而富有情意。

宛如一幅小巧、精致的小池风物彩画。落笔细、柔、小，却玲珑剔透，生机盎然。

诗人把大自然中极平常的细小事物写得相亲相依，和谐一体，活泼自然，通俗明快。画面层次感丰富，充满动感，句句如画，自然朴实，真切感人。

题西太一宫壁（其一）

宋·王安石

柳叶鸣蜩绿暗，荷花落日红酣。

三十六陂春水，白头想见江南。

诗中"柳叶""荷花"点出了夏景之美，"绿暗""红酣"二词表明色彩十分浓艳、美丽。红绿相映景色更加动人。"白头"的老者与"绿暗""红酣"的美景两相对照，在"白头"人的心中引起无限的波澜，说不清是什么滋味。全诗由真入幻，触景生情，语意简明而含蓄。

晓出净慈寺送林子方

宋·杨万里

毕竟西湖六月中，风光不与四时同。

接天莲叶无穷碧，映日荷花别样红。

诗人开篇"毕竟""风光"二句，突出了六月西湖风光的独特、非同一般，给人以丰富美好的想象。造句大气，似脱口而出，却给人最直观的感受，因而更强化了西湖之美。其后，诗人用具有强烈对比的句子，描绘出一幅大红大绿、精彩绝艳的画面："接天""映日"两句具体描绘了"毕竟"不同的风景：随着湖面而伸展到尽头的荷叶与"无穷"的蓝天融合在一起，造成了无限的艺术空间，渲染出无边无际的碧色。诗文前虚后实，可谓虚实结合、相得益彰。后两句诗人把莲叶荷花的境界写得非常宏阔、壮美，诗歌的艺术感染力非常强烈。

湖上寓居杂咏（其一）

宋·姜夔

苑墙曲曲柳冥冥，人静山空见一灯。

荷叶似云香不断，小船摇曳入西陵。

　　花园的围墙曲曲折折，柳树在夜色中若隐若现。人静山空，小窗内射出一盏孤灯的亮光。池塘里的荷叶像云彩一样绵延不断，荷花弥漫着阵阵香气。一只小船摇曳着，乘着夜色驰向萧山方向。

　　静静的夜空、缕缕荷香、悠悠远去的小船，勾起了诗人心中纠结的百般滋味，其中夹杂着隐沦江湖的清苦况味……

秋 凉 晚 步

宋·杨万里

秋气堪悲未必然，轻寒正是可人天。

绿池落尽红蕖却，荷叶犹开最小钱。

　　自古以来，骚人墨客都悲叹秋天萧条、凄凉、空旷，杨万里却认为：轻微的秋寒正是最让人感觉舒适的天气，或许他是受唐人刘禹锡"自古逢秋悲寂寥，我言秋日胜春朝"的感染吧。碧绿的荷叶、鲜红的花朵虽然大多枯黄凋萎了，但还有如铜钱那么圆的小叶片长出来。表现出荷叶的小巧玲珑，但不畏秋寒，仍努力生长，表达了秋日荷花生机勃勃、孕育希望的情感。这首小诗充分表达了诗人乐观、豁达的人生态度。

荷渚即景

宋·葛绍体

轩槛空明照野塘，闲看渔父濯沧浪。

相忘一笑一杯酒，荷叶雨声生晚凉。

诗人悠然地坐在荷塘边的凉亭里，悠闲地看着渔夫摇舟追浪捕鱼。醇酒慢慢滋润着口舌，缓缓地沁入心扉。听着雨打荷叶的稀落声，笑一笑，把世间一切都挥之远去。这是多么悠哉惬意而美妙的赏荷纳凉图景啊！

拟寒山诗（其一）

宋·善昭

好是住汾阳，犹连子夏冈。

西河莲藕熟，南国果馨香。

野客争先采，公侯待后尝。

仲尼不游地，唯我独消详。

此首诗摘录自善昭禅师《拟寒山诗》之前半部分。莲即佛、佛即莲，佛莲为一体。故"西河莲藕熟，南国果馨香"是象征禅法圆满，佛之果熟飘香。众生野客都争相采摘佛果，谁先参禅悟道，就先得其禅味佛法。那些高官显贵们只得后沾其法喜。在这一片博大的禅学天地里，仲尼没有涉足过，与儒家思想领域不相干的新领地，在此地，唯有诗者我俯仰自得，表露出作者对弘扬禅法充满了自信自豪。

爱 莲 说

宋·周敦颐

水陆草木之花，可爱者甚蕃。晋陶渊明独爱菊。自李唐来，世人甚爱牡丹。予独爱莲之出淤泥而不染，濯清涟而不妖，中通外直，不蔓不枝，香远益清，亭亭净植，可远观而不可亵玩焉。

予谓菊，花之隐逸者也；牡丹，花之富贵者也；莲，花之君子者也。噫！菊之爱，陶后鲜有闻；莲之爱，同予者何人？牡丹之爱，宜乎众矣！

水上和陆地上的草木之花，受人喜欢的繁多。东晋陶渊明偏爱菊花。自唐朝以来，世上的人都特别喜欢牡丹。可是我独独喜爱莲花，它从淤泥中生长，却不沾染污秽；它经过清水的洗涤，却不显得妖媚。它的茎中间是通达的，外形刚直，不像藤蔓四处蔓延，也不像枝干四处纵横。它的香气传播远而清纯芬芳，亭亭玉立，如在水佳人，只可以远远地欣赏而不可以靠近去肆意地玩弄。

我认为菊是花中的隐居避世之人；牡丹是花中的富贵之人。而莲花呢？是花中的君子。唉！爱菊之人，陶渊明之后就很少听到了；与我同样爱莲的又有几人？而爱牡丹之人呢，应该很多了。

本文托物言志，采用拟物、象征的手法，明说物理，实说人事，以"莲花"象征"君子"。在作者笔下，"莲花"的品性与"君子"

的品德有其类似之处；"莲花"是美的，"君子"也是美的；"莲花"的形象就是"君子"的形象。

知非堂夜坐

元·何中

前池荷叶深，微凉坐来爽。

人归一犬吠，月上百虫响。

余非洽隐沦，隙地成偃仰。

林端斗柄斜，抚心独凄怆。

在一个寂静、微凉的夏晚，诗人坐在荷池边，静静地分辨"犬""虫"之音。第三句是诗人心灵的独白，"我"不是刻意隐居，只是在这荷花池前的空地上闲坐。最后诗人的心境发生了变化：闲适转为沉重，轻悠转为凄清。

极其平常的一个夜晚，极其平常的一次闲坐，诗人却用极其朴实的文字记录下来，并且传达出独特的内心感受，自然而真切，细腻而传神。

咏 莲 花

明·唐伯虎

凌波仙子斗新妆，七窍虚心吐异香。

何似花神多薄幸，故将颜色恼人肠。

荷花轻盈地在水中绽放，宛如不食人间烟火的仙子，一朵比一朵娇美。她们轻盈地张开花蕊，轻吐出迷人的清香。看起来花神似乎是真的薄情，故意没有给她多彩的裙装，用这淡淡的色彩让欣赏者烦恼。

唐伯虎在这首七言绝句中主要描写了荷花超凡脱俗的姿态。她们淡妆素裹，倾吐异香，重在孤芳自赏，何需他人注目。寥寥数语，写出荷花之神，读之令人唇齿生香，心生爱怜。

秋　荷

清·郑燮

秋荷独后时，摇落见风姿。

无力争先发，非因后出奇。

秋荷落于时节之后，等百花凋零了才开放。它并非故意自我炫耀，只是无力与百花争先，所以才开于秋季。

本诗看似写秋荷，实则写自身遭遇。诗人早年命运坎坷，生活贫困，仕途不顺，四十岁前只是个穷秀才，诗文书画亦不为人所赏识。直到四十四岁才考中进士，诗画名声渐大。因此诗人把这段经历喻为"秋荷独后时，摇落见风姿"。只是他"无力争先发"，绝非无能而是因为他那傲慢不羁的个性，耻于奔走逢迎。此诗抒发了一个正直知识分子的胸怀。

芙　蕖

清·李渔

芙蕖与草本诸花似觉稍异，然有根无树，一岁一生，其性同也。谱云："产于水者曰草芙蓉，产于陆者曰旱莲。"则谓非草木不得矣。予夏季倚此为命者，非故效颦于茂叔而袭成说于前人也。以芙蕖之可人，其事不一而足，请备述之。

群葩当令时，只在花开之数月，前此后此皆属过而不问之秋矣。芙蕖则不然：自荷钱出水之日，便为点缀绿波；及其茎叶既生，则又日高日上，日上日妍。有风既作飘飖之态，无风亦呈袅娜之姿，是我于花之未开，先享无穷逸致矣。迨至菡萏成花，娇姿欲滴，后先相继，自夏徂秋，此则在花为分内之事，在人为应得之资者也。及花之既谢，亦可告无罪于主人矣；乃复蒂下生蓬，蓬中结实，亭亭独立，犹似未开之花，与翠叶并擎，不至白露为霜而能事不已。此皆言其可目者也。

可鼻，则有荷叶之清香，荷花之异馥；避暑而暑为之退，纳凉而凉逐之生。至其可人之口者，则莲实与藕皆并列盘餐而互芬齿颊者也。

只有霜中败叶，零落难堪，似成弃物矣；乃摘而藏之，又备经年裹物之用。

是芙蕖也者，无一时一刻不适耳目之观，无一物一丝不备家常之用者也。有五谷之实而不有其名，兼百花之长而各去其短，种植之利有大于此者乎？ 予四命之中，此命为最。无如酷好一生，竟不得半亩方塘为安身立命之地。仅凿斗大一池，植数茎以塞责，又时病其漏。望天乞水以救之，怠所谓不善养生而草菅其命者哉。

本文具体说明了芙蕖的属性及其"可人"的种种优点，从观赏价值和实用价值两个方面阐述了种植荷花的好处，并对自己不能辟半亩方塘种植芙蕖深感遗憾，抒发了他酷爱芙蕖的感情。"有五谷之实而不有其名，兼百花之长而各去其短"，此句充分肯定了芙蕖价值的全面。

蝶 恋 花

清·康有为

记得珠帘初卷处，人倚阑干，被酒刚微醉。

翠叶飘零秋自语，晓风吹堕横塘路。

词客看花心意苦，坠粉零香，果是谁相误。

三十六陂飞细雨，明朝颜色难如故。

    此词作于光绪十一年（1885），为和梁鼎芬《题荷花画幅》之作。梁原词云："又是阑干惆怅处，酒醉初醒，醒后还重醉。此意问花娇不语，日斜肠断横塘路。多感词人心太苦。侬自摧残，岂被西风误。昨夜月明今夜雨，浮生那得长如故。"是年梁鼎芬以疏劾李鸿章，被降五级调用。当年冬日，康有为在广州与梁见面，写下这首词以见宽慰。此词感物华之荏苒，叹韶光之不再，具见同情，而辞采华丽，情思细腻，天然动人。

    这首词字面上是感物伤秋，诗人因在秋日看到荷花的飘零，而生出种种情绪。珠帘初卷，时间是在一天早上；被酒，可知他夜里吃了一些酒，可能一夜都没睡，或许是心绪不宁而借酒浇愁吧。刚微醉，一方面说明他也吃了不少酒，有些醉了；另一方面，又没大醉，由于愁绪恼人，他又不忍大醉。人倚阑干，就交代了这个原因：他所不能成眠，又不忍大醉的原因，正在于楼下池塘里的荷。天一亮，他就去看那荷花。看到了什么呢？他看到荷叶被秋风吹落在横塘路上，沙沙的像是在孤寂地发出呻吟与哀怨。"翠叶自语"，以拟人化手法，为"看"之外留下了无尽的悬念。他为什么要对荷花这么关注？"翠叶飘零"意味着什么？

"词客看花心意苦"，由写景转入写情。倚阑之人的情，是"苦"的，不说"愁""悲""惨"，独独说"苦"，可见非同一般。"苦"在哪里呢？"坠粉零香，果是难相误？"坠粉零香，非写实物，而是言"心意"。诗人看到叶飘花零，可能引起对情人的哀悯，或是引起对自身的感伤。粉、香，在古代诗词里常常用来指代人的青春美色。年纪轻轻就遭遇风雨吹打、凋残零落，到底是谁误了谁呢？这一问，含有很深的隐曲。也许是由于种种无法克服的原因，他"误"了她，也许是因为一些偶然的因素，她伤害了他。不论是谁对不起谁，那都过去了，而心中的情意却依然未变——爱犹深，所以他才如此地关切她。这里面带有很深的悔恨和痛惜之意。"三十六陂飞细雨，明朝颜色难如故"。许许多多长着荷莲的池塘，一场秋雨一场寒，昨夜的秋风秋雨，已令荷塘之景惨不忍睹，而到了明天，荷莲的颜色更不如今日。"颜色难如故"，想起来更加有些心悲意寒。

　　在这首词里，出现两个形象，一是"倚阑"观荷者，一是"荷"。诗的情在"人""荷"二者的交流中产生、表现。"坠粉零香"，固然是"荷"的摧折飘零，也是倚阑人的悲悯憔悴。因此，"明朝颜色难如故"者，也并不仅仅是指荷莲。从传统的喻托手法上讲，荷为香草，即可喻"美人"，美人既可以是所爱的人，也可以是其他的美好事物。

慈仁寺荷花池

清·何绍基

坐看倒影浸天河，风过栏杆水不波。
想见夜深人散后，满湖萤火比星多。

诗人坐在荷花池边，看银河的影子倒映在荷花池中；微风吹过池边的栏杆，池塘里的水却没有泛起波纹。想象着夜深人静时，人群散去，只有满湖的萤火虫在飞来飞去，仿佛比天上的星星还要多。

这是一首描写夏季夜晚慈仁寺荷花池边景色的诗。这首诗的主要特点是虚实兼写，以动衬静。前两句写眼前之景，后两句写想象之景。实景写静，虚景写动，以动写静，动与静都给人以美的享受。

莲 蓬 人

鲁迅

芰裳荇带处仙乡，风定犹闻碧玉香。
鹭影不来秋瑟瑟，苇花伴宿露瀼瀼。
扫除腻粉呈风骨，褪却红衣学淡妆。
好向濂溪称净植，莫随残叶堕寒塘！

这是一首借物寓情、托物言志的诗作。全诗可分为四层，首先描画莲蓬人的风姿：以菱叶作衣、芰荷为带的莲蓬人，如同纯洁的少女居住在仙乡，即使秋风停止了，仍然散发着清香。体现了作者对美好的理想境界的神往。接着是写莲蓬人所处的环境：在秋风轻吹的时候，鹭鸶早已飞到远方；在寒露浓聚的深夜里，只有洁白的芦花伴她入梦乡。接着描绘莲蓬人的风骨神采：她脱掉了过去浓艳的矫饰，换上了如今纯朴的淡妆；既是描形，同时写神。这既是对莲蓬人改红妆为淡妆的实写，又是作者与世抗争的寄寓。最后侧重抒发作者的劝谏之情：这正好告慰在天的濂溪先生，她仍然洁净的挺立生长，永远保持淡雅绝尘的风采，不随残叶坠入冰冷污秽的荷塘。

作者通过对寒秋凄凉的荷塘上仍直立水中的莲蓬美好形象的描绘，借物寓情，抒发诗人淡雅绝尘、高标净植的人格理想。拟人的手法，脱俗超凡之妙思，寄托着作者高尚纯洁的精神境界。最后的劝谏情感真，格高，意境深邃。

红荷之魂

闻一多

序：盆莲饮雨初放，折了几枝，供在案头，又听侄辈读周茂叔底《爱莲说》，便不得不联想及于三千里外《荷花池畔》底诗人。赋此寄呈实秋，兼上景超及其他在西山的诸友。

太华玉井底神裔啊！不必在污泥里久恋了。这玉胆底里的寒浆有些冽骨吗？那原是没有堕世的山泉哪！

高贤底文章啊！雏凤底律吕啊！往古来今竟携了手来谀媚着你。来罢！听听这蜜甜的赞美诗罢！抱霞摇玉的仙花呀！看着你的躯体，我怎不想到你的灵魂？灵魂啊！到底又是谁呢？是千叶宝座上的如来，还是丈余红瓣中的太乙呢？是五老峰前的诗人，还是洞庭湖畔的骚客呢？

红荷底魂啊！爱美的诗人啊！便稍许艳一点儿，还不失为"君子"。看那颗颗袒张的荷钱啊！可敬的——向上底虔诚，可爱的——圆满底个性。

花魂啊！佑他们充分地发育罢！花魂啊，须提防着，不要让菱芡藻荇底势力，吞食了泽国底版图。

花魂啊！要将崎岖的动底烟波，织成灿烂的静底绣锦。然后，高蹈的鸥鹭啊！ 热情的鸳鸯啊！水国烟乡底顾客们啊！……只欢迎你们来逍遥着，偃卧着；因为你们知道了你们的义务。

诗篇共长短 40 句、5 个小节，诗人以华美的语言、清丽深隽的情思赞美了红荷，给读者一种飘飘欲仙、悠悠欲醉的感受。赫然可见：诗人不愧是丹青国手、哲理大师，他用简易的文墨绘就出如此精美的红荷图画，书写出如此深刻的红荷之哲理！

开篇一节，诗人笔下红荷是凌波微步的仙子，她洗净足下污泥，濯饮玉胆瓶里冽骨的寒浆，投身于"没有堕世的山泉"，不愿与世俗同流合污。短短的四行，就用清丽高雅的笔调，勾勒出一幅超凡脱俗、亭亭玉立的"红荷图"，为下文的描绘做了美妙的铺垫。

第二节中，诗人展开想象的翅膀，圆睁他精深的法眼，在上下五千年中华文明中驰骋，漫游在清香的荷花世界里，竭力搜寻着红荷精神、红荷的魂。将"荷花"这一极富华夏民族特色的审美形象予以充分展示。"高贤底文章啊！雏凤底律吕啊！往古来今竟携了手来谀媚着你"。身为"花之君子"的红荷，牵动了千千万万璀璨的灵感，无可计数深隽的情思；她那圣洁美好的形象，盛开在我们民族世世代代的诗情画意里。于是，诗人不禁提出疑问，"灵魂啊！到底又是谁呢？"至此，在下四句中，诗人罗列出四个有关荷花的典故，衬托出红荷之魂的四种不同意象或精神象征：似"如来"般神圣、像"太乙"般飘逸、同"五老峰前的诗人"般纯真质朴、如"洞庭湖畔的骚客"般正直高尚。寥寥四句，巧妙地烘托出荷莲之魂的广博、精深和厚重。

在第三节中，诗人直面红荷的主体精神——"便稍许艳一点儿，还不失为'君子'"，"荷钱"那对理想"向上的虔诚"，"圆满的个性"。何为君子？特指有学问、有修养的人，或是指所有有道德、学问修养极高之人，是完美的人格典型。即使用胭脂红粉来化妆"妖艳"她，也丝毫不会丑化她的"君子"形象！在早春或晚秋时节，自然条件不利荷花生长之时，才有"荷钱"出现，它柔弱娇小，但它能抗拒逆境而顽强地生长。它没有成熟叶那样硕大厚实色绿，但它玲珑、圆正、端庄。这"圆正"或许代表了中国人"圆"文化的核心。

歌咏了莲荷精神之美后，诗人在第四节谆谆告诫道："花魂啊，须提防着，不要让菱芡藻荇底势力，吞食了泽国底版图。"红荷高标亮洁，"出淤泥而不染"，有很强的"自洁"能力，但这世道险恶，你得时刻提防着！这告诫既是诗人对个人行动的自勉，也是他对现时社会人们的劝慰。

诗人在最后一节中，以充满激情而又浪漫主义的笔调，描绘了一幅太平盛世中的水乡泽国图。"崎岖的动底烟波"，经过"花魂"的影响，变成一幅"灿烂的静底绣锦"。那些受"花魂"洗礼人们，他们是时代的新人，他们自由、活跃、负有社会责任感。只有这样的人，只有拥有花魂一样美好心灵的人们，才可创造出更新、更美好的世界。《红荷之魂》寄托了诗人高洁的情志，也是对纯洁理想社会的美好憧憬。

莲 的 心 事

席慕蓉

我

是一朵盛开的夏荷

多希望

你能看见现在的我

风霜还不曾来侵蚀

秋雨还未滴落

青涩的季节又已离我远去

我已亭亭　不忧　亦不惧

现在　正是

最美丽的时刻

重门却已深锁

在芬芳的笑靥之后

谁人知我莲的心事

无缘的你啊

不是来得太早　就是

太迟

　　荷莲的文化美学象征多种多样，如：佛教、吉祥、爱情、美女、君子等。在这首诗里，作者以第一人称形式，重点赋予"莲"美女的文学意象。给予"莲"淑女般的气质和神秘的情感内涵。"我"

就是那朵盛开的"莲"，倾尽一生，早在含苞欲放的时候，"我"积攒了多少的期待与心事，只等夏日为你绽开。可你在哪里呢？"我"多么希望你尽早地、认真地注视"我"这亭亭玉立的"莲"；"你"是采莲人，是"我"默默放在内心的情郎。

秋雨、秋霜尚未来到，可是属于"我"夏莲独自开放的季节就要远去了。"我"正亭亭玉立、风姿绰约、散发迷人的馨香，正天真可爱、对所有一切都无畏无惧，正值"我"最美艳靓丽之时。在最美丽的时刻，可是，心门已经紧紧锁上。在灿烂的笑容后面，是莲的独自黯然神伤，从此与你擦肩而过。"无缘的你啊／不是来得太早／就是太迟。"莲的心事，透着淡淡的茕茕哀伤，惆怅婉转。

诗歌看似直白、单纯，但句句都直抵心灵，似一股清泉沁人心田。席慕蓉的诗歌意念轻灵细腻，语言质朴清纯，透露着诗人的含蓄、婉约与温柔。

题 画 莲

郭沫若

亭亭玉立晓风前，一片清芬透碧天。

尽有污泥能不染，昂头浑欲学飞仙。

荷花在清晨的风中亭亭玉立，散发的清香沁透蓝天。污泥再多，它也能不被污染。只见它昂头向上，仿佛要学仙人凌空飞翔。

这首诗借物言志，表明诗人不与世俗和黑暗的社会环境同流合污的情怀。

枯　荷

齐白石

荷花身世总飘零，霜冷秋残一断魂。

枯到十分香气在，明年好续再来春。

　　荷花生来是要凋谢的，一旦寒冷的秋霜降临，便要枯败死去。却依然散发香气，一心等待来年再次开放。

荷莲文学作品意蕴及象征

　　文学作品中往往包含有作者的愿望、志趣、情感、精神、思想等一切内心活动，是隐藏在作品艺术生命体内的活生生的精魂。一部优秀的文学作品，它不只是用了某些优美的辞藻、华丽的文字，而是要显现出一种内在的精气、灵魂与风骨，这就是我们所说的"意蕴"。"象征"是指用一种看得见或看不见的符号代表或暗示某种事物，这种暗示出于理性的关系、联想、约定俗成或偶然而非故意的相似，以表现看不见的事物，如一种意志、一种品质。"意蕴"与"象征"是抽象的概念，具有不确定性及两者之间的相互关联性，很多研究者将二者合称为"意象"。

　　荷莲文学作品较之其他花卉文学，其意蕴、象征颇为宽泛、丰富、深刻，具有文学超越性及无尽的魅力。俞香顺、郭荣梅、石小玲、袁承志、何旭冉、罗霓霞、王慧、刘丽丹等众多研究者，或从不同侧面、或从不同历史时期切入，对荷莲文学作品的意象和象征进行了不同程度的研究、探索与分析。谨摘录或简辑，奉献给读者。

美人、爱情——《诗经》中的莲荷意象

《陈风·泽陂》和《郑风·山有扶苏》是《诗经》中两首以荷莲起兴的诗歌。"彼泽之陂，有蒲与荷。有美一人，伤如之何"、"山有扶苏，隰有荷花。不见子都，乃见狂且"，分别以"荷花"和"扶苏"喻女性和男性。我们还可看到《诗经》里赞誉女子容貌美就说她像荷花一样，或典雅大方，或清丽俊秀。细心品味，不难发现这两首短歌是健康的、充满生机的，是远古先民在传递男女间倾慕爱意时的热情吟唱。

那么，为何以荷莲来比兴情爱关系呢？

《诗经》是具有浓重的乡土之情的作品，她散发着浓郁的乡土气息，反映了周人的农事、民俗活动。作为周人喜闻乐见的荷莲，因其外形与女性性别特征相似，就自然而然地被运用于象征女性，与表示男性的陆生植物榛、乔松、扶苏、蒲等对称，且具有明显的情爱意味。这也奠定了我国文学中女性与莲花的隐喻关系，并直接影响到了后期汉乐府中采莲诗的表现手法和内容。

《楚辞》中荷莲的原始意象——高洁志士的人格象征

《楚辞》中涉及几十种植物，其中涉及莲荷的就有十几篇。《楚辞》以香草美人为寄托的新的艺术手法为后代文学开辟了新的创作道路。

在屈原的作品《离骚》中频频出现了莲花意象，"制芰荷以为衣兮，集芙蓉以为裳""筑室兮水中，葺之兮荷盖""芷葺兮荷屋，缭之兮杜衡""采薜荔兮水中，攀芙蓉兮木末""因芙蓉而为媒兮，

惮褰裳而濡足"等。在屈原的诗中，他反复借荷莲等香花、香草抒发他的远大理想和"举世皆浊我独清"的芳洁之志。荷莲成为他对理想的一种憧憬，成为在矛盾重重的政治斡旋释放和缓解压力的心灵寄托。其主旨在于在醒醉之间雕琢一个我，一个带有想象的超越力量的新我，而这虚拟的羽翼的力量是有意寄托在荷莲这一完美客体上的。这种意志在后期的文学发展中得到进一步继承和发扬，并逐步丰富和完善，进而在宋代得以定型。

此外，与《诗经》中的莲荷诗相比，《楚辞》中的莲荷诗更增添了神话的元素。湘夫人以荷为屋，河伯以荷叶为盖，神灵筑造"荷屋"为居所，神仙以荷叶为衣。这些意象为《楚辞》增添了一份神话色彩和宗教的神秘，也为此后道教诗歌中莲荷的出现奠定了基础。

"情爱"或"爱情"的延续与发展——汉乐府及魏晋时期的咏荷诗歌

采莲是江南水乡的农事活动。作为采莲主体的女人，往往一边劳动、一边歌唱，人性中最突出的爱——情爱自然会成为采莲歌曲的主体与主题。这也使得原本在《诗经》中隐含的荷莲"情爱"意象得到了初步发展。

《江南》作为汉乐府诗中采莲曲的代表作，可以说是后世盛行的采莲曲的最初发声之作。据记载，《江南》是汉武帝时期搜集于"吴楚汝南"一带的诗歌。

魏晋南北朝时期，在汉乐府的影响下，诸多文人竞相模仿《江南》拟作采莲曲，且作品中多含隐隐约约的男女情爱。如沈约的《江南》："棹歌发江潭，采莲渡湘南。宜须闲隐处，舟浦予自谙。罗衣织成带，堕马碧玉簪。但令舟楫渡，宁计路嵌嵌。"西晋时期的《西洲曲》则更为生动地记述了女子的采莲过程，其诗曰："开门郎不至，出门采红莲。采莲南塘秋，莲花过人头。低头弄莲子，莲子清如水。置莲怀袖中，莲心彻底红。忆郎郎不至，仰首望飞鸿。"诗中的"采莲"是象征性的动作，"莲子"是一种喻象，"莲"同"怜"，即"怜子"之意。全诗写了浓郁、缠绵的情爱相思之情。这一时期以采莲隐喻情爱的诗比比皆是。

据郭荣梅统计，荷莲是魏晋南北朝时所有的植物意象中出现频率最高的，《读曲歌》89 首中，出现荷莲的有 14 首；《子夜歌》42 首中，出现荷莲的有 4 首；《子夜四时歌·夏歌》20 首中出现荷莲的有 5 首。郭荣梅将此阶段的咏荷作品与秦汉时期的咏荷作品进行比较后认为：魏晋南北朝时期的咏荷作品完全变成了一种时尚的审美活动，荷莲情爱意象基本上是通过"窈窕佳人"演唱来暗示或直接表达男女情爱来体现的，虽有对人物形象的展现，尤其是对采莲女的展现，但总体形象的刻画过于苍白、虚饰，重主观抒情，而非人物形象的塑造。

荷莲意象的不断发展——唐至现代的荷莲诗歌

唐代莲荷诗的文化内涵是极为丰富的。有对君子人格的赞美、有对男女情爱的展现、有对幽栖隐逸生活的向往、还有对宗教信仰的寄托。前两者是对前代的艺术手法及传统模式的继承与发扬。而后两者是在佛教传入、道教逐渐兴盛于民间的历史背景下，对传统艺术手法的创新。

在宋代，荷莲文学进入鼎盛时期，写莲、咏莲的文学创作盛况空前。据南京师范大学的"全宋词检索系统"统计，《全宋词》中含"芙蓉""莲"以及"荷"的单句出现频率极高，莲花的人格象征意义就是在此时得到确立。

郭荣梅、何旭冉分别研究了宋前及晚唐五代莲荷文学的基本意象，共包括五个方面的内容。简而言之如下。尽管金、元至近代，社会形态、政治背景等发生了深刻变化，荷莲文学作品中的意象也有了进一步的发展，但荷莲诗作的主要意象仍未脱离这些内容。

一是淡泊高洁的人格象征　唐代时，莲荷的人格意象逐渐向君子人格靠拢，至宋代定型。淡泊、清雅、高洁的荷莲品性，与谦谦君子的人格品质慢慢地结合为一体。诗中莲荷以高雅的姿态、宜人的清香、高洁的品格等特质备受文人青睐，被用来形容文人雅士的风神形韵、品行气质。这一时期莲荷诗中较为独特的现象是"荷衣"的频繁运用。"荷衣"作为一个独特的意象，最早出现于楚辞中。屈原以香草佩之饰之，以显示自己的高洁出尘，以荷为衣也是如此，诗人将外在形象的高洁与内在情思的高雅相结合。此时，"荷衣"已开始作为君子形象的标志而存在。环境是人的生存空间，是人工化的自然，草木花卉作为自然的一部分会潜移默化地影响人的性情、陶冶人的情操。无论是自然环境中还是人工园林中的莲荷，都营造了优美的环境，并渲染出和谐雅致、宁静柔美的氛围，烘托了人物淡泊高洁的品性，展现出天人合一的文化魅力。

二是幽栖隐逸的生活向往　隐逸之风始于魏晋风尚，至唐代已颇为盛行。在政治腐败、社会动荡时期，文人志士盛行修禅悟道之风，多数人履践隐逸之路。他们或隐居以明志、或回避以保身，于乱世之中求得一方净土。他们植荷、爱莲、赏莲、咏莲，隐居生活的闲放自适，可以说部分与莲荷相关。棹歌入莲丛，采莲南塘下，独垂芰荷香，樵声喧莲屿。文人们在对莲荷的赏玩中实现逃避社会的目的，这种态度在莲荷诗作中多有体现。诗人或写时代丧乱，于乱世描写中寄寓归隐之心；或写山水田园，避而不谈社会政治，假力于抛却凡尘俗累，享受自然恬淡之乐；或描绘飘逸潇洒、淡泊自守的高人雅士，从对隐人高士的赞赏、欣羡之中生化出一股隐士情怀；或直抒胸臆，写隐逸生活中的种种高雅情趣，展现隐居生活的称心惬意，表达对朗月清风、水木幽谧之境的喜爱。诗人通过对隐逸生活的吟唱，以追求自我内心的平衡安定。

三是玄远冲淡的宗教寄托　莲荷与佛教有着密切联系，受当时佛教兴盛、禅宗发展的影响，莲荷的宗教寓意进入文人骚客们的生活，并渐渐反映到文学作品中来。文学作品中的莲荷，其象征意义也得到丰富和拓展。

古代诗歌中运用这一象喻意义的例子在晚唐五代时期居多，同期出现了大量的诗僧如：大梅法常、黄檗希运、贯休等。清人编写的《全唐诗》，收唐代僧人诗作者 113 人，诗 2783 首。士人与佛教的广泛联系，以及与僧人的广泛交往，也大量反映到诗作中。而其中涉及荷花"不染、洁净"的象喻意义的诗非常之多。其中最具代表性的当数黄庭坚和李商隐。

黄庭坚的一生恰如他在诗中所透露的——"自悟真如，即心成佛"。他始终保持着高洁的操守和淡泊自然的人生态度，出淤泥而不染，同世流而不合污，恰似一个莲花君子。李商隐诗中也有很多莲花意象，多是表达超脱境界的追求，以期得到精神的解脱。"苦海迷途去未因，东风过此几微尘。何当百亿莲花上，一一莲花见佛身""白石莲花谁所共，六时长捧佛前灯"。他想要摆脱人世苦海，希望佛国能够给他带来一丝冀求和寄托，以获得心灵的慰籍。

四是浓艳富丽的男女情爱　在早期的诗作《诗经》《楚辞》《乐府》等作品中，莲荷的美丽情爱意象不断演变、发展，内容丰富多彩。

莲荷最早因其外形而被视为生殖象征之物，后又以其美丽被用来形容女子，最终演变为男女情爱之意。早期人们审美较质朴、直观，荷花之花色与女子之容颜有视觉上的相似，故以荷比美女，较径直、简明。俞香顺认为：荷花"生"意之强，在所有的花卉中最为突出，尤其是荷花的种子（莲子）生命力特强。荷花在仲夏及秋季结莲蓬，莲蓬多子，是女性繁衍力的象征。在早期文学作品中，田田荷叶、灿烂的荷花不仅为男欢女爱创造了美好的环境氛围，还构成了爱情本身的表征。由此，人们虔诚地笃信荷莲会给他们带来人丁兴旺的福气。荷花有"辗转生生，造物不息"之生物特征，所以，从生殖崇拜角度去考察，用荷花比喻女性、爱情，是"最佳选择"。

后随着谐音文化的发展，莲荷更因其美好、吉祥的寓意，被赋予了世间男女对于爱情的美好愿景。

五是纯粹审美的荷莲意象　荷花是美的化身，她的美是浑然天成的，最易触发诗人骚客的灵感，成为一种纯粹的审美模式。

"罗盖轻翻翠，冰姿巧弄红，晚来习习度香风。疑是华山仙子，下珠宫。柳外神仙侣，花间锦绣丛。竟将玉质比芳容，笑指壶天何惜，醉千钟"。宋代诗人姚述尧的绝妙好词《南歌子赏莲花》，用精练的语言高度概括了荷花的美妙。

著名诗人杨万里的"毕竟西湖六月中，风光不与四时同。接天莲叶无穷碧，映日荷花别样红"，撷取了"接天莲叶"和"映日荷花"两个典型景物，以通俗明快、流转圆活的风格，写出了六月里西湖的美丽风光，极具自然灵性。

历代诗文中描写荷花个体美、群体美的佳句不胜枚举，这些意象具有纯粹的审美意义。在这种纯粹的美感基础上，又饱含着中国人对吉祥、美好的希冀与追求。渐渐地，中国人对荷莲的喜爱渗入到骨髓里，融入进血液中了。

"采莲"杂谈

江南湖泊众多、池塘遍布、水道纵横，多种植荷花、莲藕。夏秋之季，青年男女多乘小舟出没荷塘中，一边采摘莲蓬，一边轻歌互答。"采莲"是风靡江南的农事、民俗活动，并渐渐映入了文人们的视野，走进了诗词歌赋等作品中。翻阅唐宋诗词，经常可以看见关于"采莲"场面的描写，名篇佳句迭出。

最早描写"采莲"的佳句出自《汉乐府》中的《涉江采芙蓉》和《相和曲》，"涉江采芙蓉，兰泽多芳草"，"江南可采莲，莲叶何田田"。后在历代的文人作品中，均有为数不少的《采莲曲》。根据《中国历代咏荷诗文集成》统计，4460多首咏荷作品中，共出现"采莲"诗题306首。

泛舟于湖光山色之间，清风徐徐，花色、人面交映，是为"采莲"。可以说，采莲是最美的劳动之一，这也是千百年来采莲不断为文人所讴歌的原因之一。荷花本是南国之花，采莲是盛行于江南的一种农事、民俗活动，采莲民歌也有着浓郁的地方风情。俞香顺通过搜集相关资料总结认为，采莲民歌的功能主要表现在"恋歌""离歌""南音"三方面。即是民间男女的"恋歌"，是缅怀、相思的土风"离歌"，是入北之人不能忘怀的乡音（注：现代著名舞蹈《荷花舞》就取材于陕北陇东地区，证明采莲文化的北传）。

诸葛忆兵认为，以"采莲"为题材的诗词"多描写江南一带的水国风光，采莲女的劳动生活情态，以及她们对纯洁爱情的追求"。有些"采莲"作品甚至将采莲女与诗词中"传统的矜持忧郁的女性形象"作比较，肯定了水乡劳动妇女健康的生活情调。

在汉乐府民歌《江南》中，"采莲"与现实劳动生活还是有些许联系的。到了南朝，"采莲"就已经演变为由"窈窕佳人"演唱或表演的、暗示或直接表达男女情爱的歌舞曲。其后，"采莲"舞曲开始流行于宫廷及达官贵族的歌舞酒宴上。唐宋诗词中的"采莲"描写，大多数都是文人墨客在欣赏妙龄少女歌舞时所作。

诸葛忆兵在研究了唐宋"采莲"文学后，给出了以下两点解读：其一，唐宋时期"采莲"舞曲的表演者大都是宫廷乐妓、家妓、私妓等，唐宋诗词中"采莲"类题材所涉及的女主人公也大都是这类歌舞妓，而非"水乡劳动女子"。至明清大致情况依然如此。其二，唐宋诗词借用"采莲"类题材所要表达的大都是男女情爱，依然在写"艳情"，而非"水乡劳动场景"，其间至多渗透了一些歌咏太平之类的宫廷盛行的话题。

"采莲"不仅是一种农事、风俗，更是一种文化形态，她与音乐、舞蹈、文学、艺术相结合，构成了中国传统文化的一部分。

第九章　荷与艺术

荷花色彩艳丽而不失清雅，形态优美而端庄。芽、蕾、花、叶、果、茎相携并生，给人一种亲近感，故深受众人喜爱。它不仅有诗家吟咏之，还有音乐人歌唱之、画家描绘之、舞者仿效之、剪纸艺人模拟之。真可谓，一花一世界，颂传数千年。

荷与音乐

音乐是最古老的艺术之一，它在人们的日常生活中占据了一定的位置，音乐可以调节单调、紧张的生活，可愉悦人的听觉、净化人的心灵。

亨德里克在讲述新音乐时写道："我一直在绞尽脑汁地思考，用文字如何对音乐进行清楚的描述与介绍，到现在为止，我依然感到力不从心。"大师都如此，笔者更是无从下手。但无论如何都不能舍弃对"荷莲音乐"的介绍，因此下文只能轻描淡写或是人云亦云了。

歌曲鉴赏

经过网络搜索，粗略统计荷莲歌曲、器乐音曲有 200 多首，最典型歌曲有：彭丽媛演唱的《荷花梦》、宋祖英演唱的《荷花颂》、杨魏玲和曾毅演唱的《荷塘月色》以及高安和云菲菲演唱的《梦醉荷塘》等。

《荷花梦》赏析　歌词生动地描写了荷花花蕾的"含情"、体态的"婷婷"、花开的"笑微微"等，多么令人魂牵梦萦的优雅风姿！荷花在"百花中殊罕其匹"，但却她"百花园里不争春"，"只恋"家乡的"淤泥"和"浊水"。她不仅香气四溢，还年年奉献给人们累累果实。作者赏听了无数遍《荷花梦》，生动隽永的歌词用清脆嘹亮的歌声表达出来，确实是美的享受。

《荷塘月色》赏析　《荷塘月色》是一首家喻户晓的歌曲，它曲调轻盈、悠扬、流畅，歌词比喻生动形象，使荷塘静谧而又富有动感，更重要的是情、境结合适当。仿佛让人回到朱自清所描写的那个美妙的夜晚、那个月光下的美丽荷塘了！

《梦醉荷塘》赏析　朦胧的月色，弥漫着清香的荷塘，似乎有着永不褪色的魔力。以唯美的文字，轻轻推开一池的馨香，把恋人间的相思梳理成幽静醉人的荷塘。整首歌曲的旋律娴静而悠扬，扑鼻而来是莲叶的清香。那一抹月色，那一缕相思，在旋律中一次次升华，听者梦醉在如画的荷塘里。

《采莲曲》赏析　《采莲曲》原为《相和歌辞·相和曲》之一，原名为《江南》，主旨在写良辰美景，行乐得时。张玉穀认为此诗不写花而只写叶，意为叶尚且可爱，花更不待言。大体这种民歌，纯属天籁，最初的创作者未必有意为之，最终却自然显现一片大自然活泼的生机。

《采莲曲》为汉代民歌，诗中大量运用重复的句式和字眼，表现了古代民歌朴素明朗的风格。诗歌描绘了江南采莲时的热闹欢乐场面，从游来游去、欣然戏乐的游鱼中，我们似乎也听到了采莲人的欢笑。

而《甄嬛传》插曲所采用的版本，部分内容是直接取自中国古典诗词，既韵味悠长又古意盎然。在鱼戏田田莲叶间、少女采莲碧波上的基础上，"莲叶深处谁家女，隔水笑抛一枝莲"更突出了少女的甜美情思，秀美温婉，引人遐想。

《莲心曲》赏析　由钟永圣填词，敬善媛作曲并演唱的《莲心曲》歌词如下：

> 任处池塘，水荷清香，郁郁污泥，养我其芳。
>
> 不为风摇，不为雨藏，任君来去，守我天朗。
>
> 本无所染，明妙坦荡，垢净分别，于我何妖。
>
> 高华岂慕，低秽怎伤，月圆天心，觉此华章。
>
> 自在腰身立沙洲，浮云闲映碧波心。
>
> 采莲歌中根尘断，天涯无处不知音。

好音乐犹如一剂能抚平人内心伤痕的良药，化解烦恼、羁绊带给人们的痛苦。身处躁动闷热的夏日，灵魂渴望过滤掉浮华的渣滓。《莲心曲》是一首真实深刻而又悦耳动听的佛音，一首洋洒甘露、浸润心田的"清凉雅作"。

如今我们生活的年代，人心浮躁不安，内心亟待"心灵的环保与滋养"。我们需要学会从容地面对"无常事"的降临，时常静坐下来盥洗梳理我们的内心；要关爱身边的人，感恩我们生活的世界。让心莲盛开，用心构建世间的自然美好与万物的和谐安宁。

纯音乐鉴赏

荷花因其高雅的形态、深奥的哲理内涵，受到古今文人雅士的咏颂，现代有很多音乐家创作出大量赞美荷花的音乐。关于荷花的纯音乐有：《荷花乐》《画水莲华》《出水莲》《帘动荷风》《荷塘风缓》《荷风送清凉》等。

《帘动荷风》赏析 该曲为钢琴伴奏、由中国著名青年笛箫演奏家陈悦演奏。当东方音乐的含蓄美与西方音乐的高贵气质相遇，给人一种特殊的感染力。质朴的箫声在银珠落玉盘般的钢琴音符里起落，获得了新鲜的生命力和极具时尚感的表现力；箫的音韵传达着木管特有的沉思，而钢琴虽然多是在低音区零落地弹奏，却仍不失"乐器之王"的宽阔襟怀，正是东方灵性与西方智性的完美融合；箫轻吟着东方的儒雅，钢琴更为其增加了一点点西方的精致与华丽。音乐内核中的古典韵味沉着恬淡，每一个跃动的音符中又有钻石般的耀眼光芒。

钢琴声是那荷叶上滚动的露珠，箫声则是那和着的微风，钢琴营造的优美氛围中，一阕箫声将听众带入了满满的荷塘，月色撩人，一曲缠绵、徘徊的优美乐曲带着中国风，横扫整个心宇。给人以朗月当空、幽静、空灵之美感！

《出水莲》赏析 《出水莲》属潮州音乐，形成的历史非常悠久。据相关文献记载，从两晋至南宋，中原地区人因避战乱，大量向南迁徙，带动了此曲的流传。其曲调平缓，意境深邃，旋律清秀，气韵典雅。那琴音犹如从古寺后的池塘里悠然飘来的朵朵莲花，带着缕缕的佛香、阵阵佛经咏颂声，悄悄绕旋在你身边，轻叩着你鼻耳，沁润着你的心田。使你感到恬静、舒缓，似乎已进入世外桃源。

《画水莲华》赏析　《画水莲华》音乐柔美，清雅，乐曲有起伏变化而呈现出不同的风貌，具有清新而庄严，淡雅而通俗的独特风格。这首乐曲有着佛乐的高远意境，聆听时令人得到宁静、空灵之感。悠扬动听的古曲，赋予佛缘梵音的新创意，将你带入特异的音乐意境。

佛教认为莲即佛，佛即是莲。以上列举的两个乐曲，亦可以说就是佛曲。它们给众人展现了莲的风度与气节，实际上也表达了人们对洁身自好的生活的向往与追求，同时也是对这种理想人格的肯定。

有人说，"音乐十分美妙，它往往可以超越语言和文字，能够述说许多难以表达的思想与情感。"荷莲音乐通过对人的心灵的感染或震撼而产生一种语言和文字所不能及的传播功能。荷莲"出淤泥而不染"的品格正是这些荷莲音乐作品的深刻主题和精神内涵。现今高效率、快节奏的生活方式使人们越来越习惯于为了生存发展而奔波忙碌，在追名逐利中，很多人放弃了自身品德的修养。这时候，古筝名曲《出水莲》《画水莲华》能为人们带来片刻恬静，用心体会"莲"的哲理，感受人生真谛。

荷与绘画

荷花具有自然美、生命美和意蕴美，是画家托物言志、传达情感的重要题材。

荷画概况

中国花鸟画可追溯至新石器时代，那时的"花鸟"与早期人类的图腾崇拜有关。至六朝时期，开始出现一些独立的花鸟绘画作品。独立成科的花鸟画始于唐五代，大盛于两宋，其后其风格日趋明显，与人物画、山水画分庭抗礼。

中国画中以荷花为题材的作品繁多，历史悠久。据传南北朝萧绎的《芙蓉醮鼎图》是我国至今发现最早的以荷花为题材的中国画作品，但无墨迹留存；五代南唐画家顾德谦的《荷池水禽图》是史上最早被记录收藏的画荷作品；明清画荷之画家层出，徐渭、陈洪绶、朱耷等众多大家均有传世佳作。

在近现代，吴昌硕、齐白石、潘天寿、张大千、黄永玉等艺术家在画荷领域都取得了极大的成功，并对画坛形成了一定的影响。他们不仅对笔墨以及画面的格局有深入的研究，而且非常注重通过不同的绘画材料以及不同的绘画技法绘出荷花的特效及深奥意蕴来。

吴昌硕的《墨荷图》，气势磅礴，浑厚老道。其上题诗云："荷花荷叶墨汁涂，雨大不知香有无。"吴昌硕的画荷作品气韵胜于笔墨，并通过笔墨更好地体现荷之韵。

张大千先生更是"荷痴"，他的荷花作品不胜枚举，代表佳作《朱荷双禽图》兼工带写，重彩浓墨。图上荷花红艳似火，光彩灼灼，不可逼视。荷叶浓淡适宜、劲挺有力、野趣盎然。画面洋溢着"风定池荷自在香"的意境。他自称"赏荷、画荷，一辈子都不会厌倦"！张大千年轻时住在苏州，庭院里那一池荷花成了他写生的好地方。

三十三岁时，他住进北京颐和园，一住就是五年，颐和园池塘中那又肥又大的荷花使他对画荷的兴趣愈加浓厚。由于长期与荷花相处，他特别偏爱荷花。

齐白石的《荷花鸳鸯图》具有鲜明的"墨叶红花"的风格，该画描绘了荷塘中鸳鸯戏水的情景。画中的荷花虽已呈半凋之态，但间或还有生机勃勃的少数花朵或含苞待放的花骨朵夹于其中。荷茎或正或斜，看似一挥而就，却极合章法。荷叶下清水涟漪，两只鸳鸯正在水中嬉戏。鸳鸯用色丰富，与荷花产生强烈的对比。整幅画寓静于动，意境优美，画面饱满，气势非凡，处处可见生机。

黄永玉在荷花的表现形式方面，喜用紧凑的花朵表现画面的热闹感，偶尔画面中也会出现亭亭玉立的一枝荷花，但花型张扬而不孤单，一片生机盎然的样子。如《荷塘旭日》中的荷花色彩很夸张，用强烈的大红色、暖黄色等层层叠加的颜色来表现日照的强烈与夏日的炙热感；荷叶用蓝色、绿色为主要色彩基调；用黑色填充花叶之间的间隙，表现出厚重、新奇的美感。

21 世纪初，中国文联出版社出版了王福林创作的文坛首部集文学、美术、音乐于一体的长篇小说《情迷》，并在北京王府井书店召开签售会。王福林在《情迷》一书的扉页上创作了一千幅人体荷花图，黑龙江阿城还为此建立了"千荷山庄"，创建了"千荷画廊"。王福林又陆续创作了千荷长卷、千荷挂历，以及千荷诗、千荷曲，成为前无古人的"千荷文化工程"。

部分作品鉴赏

顾德谦的《莲池水禽图》，该作品构图端正，体物精细，状貌传神，对每一荷花、荷叶、水草乃至飞禽都先作严格的勾勒，而后一一赋彩，用线精细秀劲，功力颇深。画面虽填满风姿各异的荷花、荷叶、莲蓬，却不显得拥挤。荷叶毗连舒展，浓淡相宜，纹理清晰，层次细腻分明，衬托着洁净的荷花，迎风招展。右上方鸣叫而至的白鹭与左下角的白鹭成呼应之势，增添了画面静中有动、生趣盎然的氛围。

　　《晚荷郭索图》，作者不详。图中一只硕大的河蟹张牙舞爪地踞于残荷之上，肥重的身躯竟将荷梗压断，衬以苍老的莲蓬、枯黄的荷叶、稀疏的芦荻，更增添了萧瑟冷寂的气氛。荷叶和莲蓬用粗笔勾描，蟹用细笔绘之，笔法粗犷写实，着色鲜艳浓重。

顾德谦《莲池水禽图》

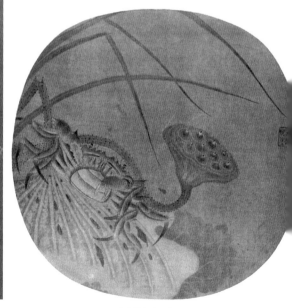

《晚荷郭索图》

南宋吴炳所绘的《出水芙蓉图》，它是一幅扇面画，现收藏于北京故宫博物院。这幅画中间有红荷一朵，着色浓艳，绰约华美，在碧叶的衬托下，花瓣轻舒，似有微风拂弄。花心半露出莲房，嫩蕊柔密。花叶和谐，花容可爱。这既反映了单朵盛开的荷花的娇健美，又暗含了千万朵欣欣向荣的荷花群体美。这幅作品虽占幅不大，却表现出荷花之无限仪态，雍容绮丽，端庄典雅，达到珠圆玉润的境界，使人观赏时似乎闻得沁腑的馨香。

吴炳《出水芙蓉图》

盛夏的莲池，正沐浴在一片沁人的绿意里。碧绿、茂密的莲叶，正迎风舒卷摇曳。朵朵红莲、白莲，亭亭玉立，散发着醉人的清香。绿波上，群鸭成双地悠游于花叶之间，点点浮萍与片片花瓣随波荡漾。似有蝴蝶在花间飞舞，还有燕子在上空翱翔。盈尺的莲塘里，正呈现出欣欣向荣的景象。

　　此图以特写的形式，表现了一朵盛开的荷花。用笔精细，花瓣脉络以金丝细线勾勒，又用桃红晕染，使画面呈现出流光溢彩的效果。

《太液荷风图》

《荷花图》

陈洪绶所绘的《荷花鸳鸯图》中，赭墨石色的湖石衬托着绿叶、红莲，水中一对鸳鸯在嬉戏。花鸟以劲细的线条勾勒，色彩艳丽，层次细腻，变化微妙。湖石用笔方折、粗硬，衬托了莲花、莲叶的精细圆润。图上自识："溪山老莲洪绶写于清义堂。"

陈洪绶《荷花鸳鸯图》

这幅画卷藏于南京博物院。图中几片荷叶有仰有俯，荷儿两三朵或展或含，姿态各异，体现了荷莲的自然景趣。纤纤蒲叶直立或斜伸，池水清清，水草点点，鸳鸯在水中闲嬉，翠鸟压弯了荷杆，好一幅形象生动、清秀、淡雅宜人的景物图啊。

（明）周之冕《莲渚文禽园》

《瑞莲图》幅中自题："万历丙午仲夏。九芝先生山池中，碧莲一干成两花，色貌种种可人，此佳兆也。余不善花枝，遂敢戏图以志瑞。"即万历三十四年（公元 1606 年），李士达见友人家中荷池中开了一个并蒂莲花，既可人又是佳兆，故而将其绘下来。这幅作品形象不多，一朵并蒂白莲，两片碧叶，却也蕴含着苍、逸、奇、圆、韵"五美"的审美意趣。图中白莲清雅幽香，柔韧的莲茎将其高高举起，给人一种劲直向上、高风亮节的感受。

（明）李士达《瑞莲图》

吴应贞所绘的《荷花图》是一幅表现池塘风和日丽景色的写实画。作者在图中没有刻意地描绘水，而是通过荷花丛中的鱼儿将一池清水巧妙地暗示了出来。图中所绘的荷花绰然俏丽，花、叶敷色艳丽而不浓腻，工致的晕染，旨在追求花、叶含水带露的润泽、鲜灵与生动，清逸秀爽的笔墨则展现了荷花的"出淤泥而不染"品格。

〔清〕吴应贞《荷花图》

《荷花鸳鸯图轴》展现的是荷塘一角，这里芦苇丛生，荷叶碧绿似伞，几朵红荷正绽吐芳菲，清澈见底的水面上，一对鸳鸯相伴而游。整个画面的气氛酣畅热烈，色彩鲜艳明亮，晕染柔和匀净，形象逼真，颇有神韵。荷叶舒伸逸然，呈现出荷塘的空灵、润泽、恬静。

（清）吴振武《荷花鸳鸯图轴》

沈铨的《荷花鸳鸯图》画面丰满紧凑，色彩浓郁又富于变化，有厚重沉稳而又生动之美感。荷叶挤挤挨挨、花枝繁茂、花朵硕大而圆润粉艳。上空喜鹊翻飞，水中鸳鸯嬉游。作者以细腻的笔调和高昂的情志，热情讴歌了灿烂阳光下，大地万物蓬勃生长、充满生机的美好景象。

（清）沈铨《荷花鸳鸯图》

朗世宁,天主教耶稣会传教士,清代画家、建筑家,意大利米兰人。康熙五十四年（公元 1715）来中国，历任康熙、雍正、乾隆三朝宫廷画师，并参与圆明园西洋楼的设计工作，官至三品。擅长画肖像、花鸟、走兽图。

《聚瑞图》采用欧洲明暗法，光源统一，造型准确，立体感强，有夺真之妙。在图中光线描绘上，加入了高光来强调花瓶晶莹圆润的质感，是一幅中西结合的佳品。

（清）郎世宁《聚瑞图轴》

荷花作为洁身自好的象征，"出淤泥而不染，濯清涟而不妖"，素为文人、画家所赞誉。金农身世坎坷，怀才不遇，对荷花怀有特殊的感情。他在自己的作品《花卉册》中刻画了荷花的高洁，自题道："三十六陂凉，水珮风裳。银色云中一丈长，好似玉杯玲珑，镂得玉也生香。对月有人偷写，世界白泱泱。爱画闲鸥野鹭，不爱画鸳央，与荷花慢慢商量。金牛湖上金，吉金，画白荷花并题。"

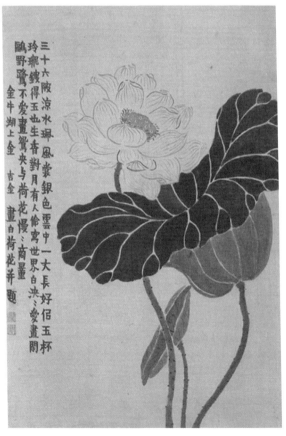

〔清〕金农《花卉册》

藏于北京故宫博物院的《蒲塘秋艳图》，其画面较为简洁，莲叶、花朵各三两枝，萍藻水草点点，池水静静无波。荷梗微曲，花瓣艳丽，层次较丰富，色调深浅过渡自然，整个图画给人一种轻妙曼姿、清丽淡雅之美。

〔清〕恽冰《蒲塘秋艳图》

《红荷图》画面布局丰满,荷叶三张,占去画面大部分,墨色浓润,洒脱奔放。两朵红荷敷薄色,花瓣排列伸展有序,在刚健有力的花梗的支撑下,显得劲拔挺立。芦苇以淡色绘就,与黑墨荷叶成对比。此作品刚柔并济,下笔有力,墨法笔滋,意境清新,层次分明,气势宏大,是真正的大写意。

吴昌硕《红荷图》

《荷花图》折扇面，纸本设色，造型严谨，线条挺拔有力。盛开的荷花富丽娇嫩、馨香远溢，招引蜜蜂飞上飞下。画面在浓厚的装饰意味中，仍不乏盎然的生机，显得无比纯净而典雅。画家在小小的扇面上，将浓艳与淡雅、柔美与苍劲和谐地统一起来，给人以美的享受。

于照《荷花图》

整个池塘开满了红荷，三只鸬鹚站立在池塘中的小岛上，它们姿态各异，生机盎然，力量感十足。荷叶的墨色远近深浅不一，水草均匀点缀其中，层次和质感亦有别。整幅画面的色彩较少，十分淡雅，凸显出荷花的娇艳。《盛夏图》以红荷为主，画面丰盈充实，展现出夏日荷塘一片生机勃勃的景象。

李苦禅《盛夏图》

此画有红黑二色，墨叶色浓气阔，红色花瓣似带血的无柄短矛，荷梗苇秆若铮铮铁骨；苇叶虽细小，却如锐利锋剑。构图较简洁，却充满着坚劲的气势，神圣不可进犯的威严，有几分让人望而生畏之感。

潘天寿《朝日艳芙渠》

作品中三片浓淡不同的墨叶、两朵盛开的红荷几乎占满整个画面，荷叶无筋，似飘然而下的瀑布，花冠伸展有力，花色丹艳似火，光彩灼灼。右下角两只鸳鸯在闲嬉，茨菇、绿萍点缀其间，体积上显得弱细小巧，更凸显出莲叶、荷花的蓬勃大气。图面洋溢着"风定池莲自在香"的意境，又具舒展强劲之力，还颇有几分自然野趣。

张大千《朱荷双禽图》

图中红花饱满质重，莲叶骨感较强、正圆质轻，花、叶质地及颜色对比明显。作者把荷花的自然形态加以提炼加工，一改常规的形色技法，布局构思别出心裁。画中心的小翠鸟可谓是点睛之笔，静物中配以动物增加了画面的生动感。作品画面丰盈，色彩艳丽，意境高古而隽永，具有强烈的艺术感染力，整体装饰性较强。

黄永玉《红花翠鸟》

王福林的《千荷图》栩栩如生，每幅图中都簇拥着多姿多彩的美人。

有不少人对此发出质疑，王福林认为："人体美当可看作自然美的最高形态，因此成为古今中外艺术家热衷表现的对象。它体现了和谐、典雅、智慧和真诚，使人产生诸多美的联想，唤起人类崇尚美、追求美、保护美的心态。荷花的圣洁高雅、出淤泥而不染。它亭亭玉立，不枝不蔓、中通外直、雅俗共赏，不愧是人类崇尚的'楷模'。我把这两种至美的物象结合在一起，使人联想到生命、情感、美德，从而建立美的理念。"

画面上作者巧妙地把人体美与大自然的和谐美结合在一起，是纯真、圣洁、高雅的艺术追求，是对人心灵的一种净化，这种美是人性美，是与自然美的有机结合，是出淤泥而不染的精神美。

王福林《千荷图》（之一）

荷与舞蹈

荷莲舞蹈浅述

荷花以她的物质功用在人们的生产、生活中占有特殊位置；以她丰富的文化内涵沁入到人们的精神世界里；以她的美好形象融入人们的肢体形象艺术中。在我国诸多有关荷花形象的舞蹈作品中，它们所塑造的荷花形象或清新靓丽，或超凡脱俗，都给人以美妙的视听享受和精神愉悦。如经典舞蹈《爱莲说》《荷花舞》《荷花梦》《小荷才露尖尖角》《清风荷影》《荷花赋》等，在舞台上展现出荷花的多层面美：不仅具有清新淡雅、亭亭玉立、婀娜多姿的优雅美，又具婉转秀丽、平和淡雅、心情愉悦的和雅美，还能使人进入清高雅洁、清雅拔俗、清丽幽然的清雅境地。

古典舞《爱莲说》赏析

舞蹈《爱莲说》不是将散文《爱莲说》外化成动作，而是根据文中对莲花形态与气质的描述，采用中国画的写意手法，把荷花的形象拟人化、象征化、诗意化，把散文中对荷花的礼赞——"出淤泥而不染，濯清涟而不妖"用古典舞做出新的诠释。舞蹈将莲花刻画成具有中国传统美的超凡脱俗的女性形态，演员用行云流水、欲说还休的肢体语言向我们表达了东方女性的古朴典雅之美，以及如荷花般洁身自好、不卑不亢、傲然独立的美好品格。

　　舞台上，舞者随着音乐的起伏变化，向观众展现着舞韵律动美。一袭墨绿色和浅粉色搭配的衣裳、莲叶形的裙摆，在如潺潺流水的前奏中，舞者犹如一朵含苞待放的荷花，沐浴着清澈的月光，静静挺立，于波光潋滟中散发着袅袅清香。时而，她含羞于碧绿之中、掩面于莲叶左右，翘首待放，尽情舒展无与伦比的脱俗气；时而，这朵荷花开始舒展她秀丽的身姿，若芙蓉初出水，亭亭玉立。当音乐由婉转悠扬转为激昂澎湃时，舞者的动作愈发明快潇洒，时而醉卧于天地之间，时而迎风起舞……随着最后两声清脆的木鱼声落下，她抖落身上的露珠，亭亭玉立于水中央，不怒不争。柔波里，月还是那月，荷还是那荷，一缕清香，香远益清。风过后，湖面上碧波依旧，宁静依然——一种不争春的淡然。

《荷花舞》赏析

甘肃省庆阳市西峰区是中国早期农耕文明的发祥地之一，周先祖公刘曾在此农耕，周代的遗俗和农耕文化是孕育出民间荷花舞文化的历史人文环境。享誉世界舞台、被载入《20世纪中国民族舞蹈经典》的"荷花舞"就源于这里，庆阳也因此被中国民俗学会命名为"荷花舞之乡"。

"荷花舞"原名"云朵子""地游子"，又称"地飘儿""云影子""地云子"等，随着历史的演变又称"跑花灯""荷花灯"等。

现代"荷花舞"的诞生与1952年在我国召开的亚洲及太平洋区域和平会议有直接的关系。当时印度代表团也将来我国参加此次和平会议，在印度，人们非常喜欢荷花，而荷花在中国也有着和平与幸福的寓意，因此，周恩来总理向中央戏剧学院舞蹈队提出，希望该团在这次和平会议期间能表演一个带有荷花形象的舞蹈。当时中央戏剧学院很快就组成了"荷花舞"的创作组，戴爱莲等人根据陇东、陕北一带的秧歌舞"荷花灯"创作了《荷花舞》。表演者穿着具有唐朝风格的长裙，裙下坠着荷叶盘，也叫"荷花盘"，盘上四面各有一枝亭亭玉立的荷花。经过这一点缀，荷花女的形象被极为优美地塑造出来。从远处观看，舞台就像变成了静静的荷花池，而美丽的荷花仙子们在水中翩翩起舞。

《荷花舞》以它圣洁、美丽的形象，获得了诸多荣誉。1953年，在罗马尼亚布加勒斯特举行的第四届世界青年学生和平与友谊联欢节上，《荷花舞》获得了集体舞二等奖，为祖国争得了荣誉，表达了中国人民热爱和平的深切感情。自此，《荷花舞》在全国家喻户晓，许多舞蹈团体一时都争演《荷花舞》。在1994年"中华民族20世纪舞蹈经典"的评比中，该舞蹈又荣获经典作品金像奖。

　　《荷花舞》不仅扎根于民间，且早已走出了国门，她的高尚形象还将在全球发扬光大。

《担鲜藕》赏析

　　在富有浓郁的江南特色的音乐伴奏下，一位年轻的农家妹子挑着两筐鲜藕款款走来，笑容洋溢在她的脸上，两筐鲜藕随着她轻快的脚步一颤一颤地晃动着。一路上，水乡优美的景色不断映入她的眼帘，那连片的荷塘，那油绿的荷叶与肥硕的莲蓬……她抑制不住丰收的喜悦，脚步越走越轻盈。她来到小溪边，用草帽盛来清水洒在"藕"上，"藕"高兴极了，她们一起跳起了欢快的三人舞。热闹了一阵后，农家妹子又挑起鲜藕继续赶路了，快乐的歌声撒在乡间的小路上。该作品基调明快，情绪热烈，富有强烈的生活气息和乡土风味。

　　该舞蹈在人物创作上，没有选取高大全的人物形象，亦无生硬的政治口号，而是选取了最普通的一位农村姑娘的形象，让观众从心底感到亲近和欢欣鼓舞。这个作品就像一首赶集小调，自然清新，

一点一滴地流入观众的心田，它是一个名副其实的、雅俗共赏的民间舞蹈精品。

荷与剪纸

　　剪纸作为一种镂空艺术，它能给人以视觉上透空的感觉和艺术上的享受。民间艺人用剪刀将纸剪成各种各样的图案，如窗花、门笺、墙花、顶棚花、灯花等。每逢过节或新婚喜庆，人们便将美丽鲜艳的剪纸贴在家中窗户、墙壁、门和灯笼上，节日的气氛也因此被烘托得更加热烈。民间的剪纸艺术，通过一把剪刀，一张纸，就可以表达生活中的各种喜怒哀乐。

　　剪纸艺术源远流长，可追溯到南北朝时期。隋唐以后，剪纸艺术日趋繁荣。唐代还出现了专门描述剪纸的诗句，《采胜》中写道："剪采赠相亲，银钗缀凤真。叶逐金刀出，花随玉指新。"描绘出了唐代佳人剪纸的优美动作和剪出的花鸟草虫的美丽效果。到了宋代，剪纸开始普及，并出现了剪纸行业和剪纸名家。明清时代，是剪纸的高峰期。

　　由于荷花的生物学特性被抽象为吉祥的象征，因此荷花历来都是剪纸的重要题材。莲花由于花、果同时生长，谓"华实齐全，弥足珍贵"；莲子因而喻为"贵子"；莲蓬多子，喻为"多子多孙"；荷花常有并蒂现象，喻为"并蒂同心"；其花、叶、果、藕具有顽强生命力，而被赋有丰衣足食、人丁兴旺、夫妻恩爱、家道兴盛的意义。

荷盒如意   枝本固荣

　　荷花剪纸与其他民间剪纸一样并不注重透视、比例等方面的表现，民间剪纸艺人将自己的观察、分析、想象的形象刻绘出来。如"连年有余图"，艺术家在一个个或方或圆的适合纹样中剪刻出异常醒目、充满人性化的鱼、莲叶、莲花等元素。

连年有余

随着现代旅游文化的发展、"谐音"文化的应用不断丰富。剪纸中荷花所寄托的思想范围亦在扩大，相同图案可能表达多种思想。如"一瓶青莲"，谐音"一品清廉"，就寓意着对反腐倡廉成果的深深寄盼。

一瓶青莲

剪纸不像绘画、舞蹈、书法等艺术，没有不朽的作品流传于世。它是普通民众之艺术，它是"下里巴人"，但"和者众多"。荷花剪纸将会以它独特的艺术魅力，深深扎根于人民大众之中，开出更灿烂的艺术花朵。

第十章 荷之谐音

中国汉语言文化博大精深，其中的谐音文化更是渗透在我们生活的各个领域。谐音文化就是汉语的同音现象，谐音的运用使汉语变得生动活泼、富有情趣，也让我们的生活充满了乐趣。

荷花的习性、形态、颜色及清香等特征，符合人们审美情趣中的某些共性，进而被赋予象征意义，代表着高贵、美丽、纯洁等美好的事物。由于"荷"发音与"和""合""何"相同；"莲"与"连""怜""廉"谐音；荷的根状茎"藕"与"偶"谐音；藕丝的"丝"与"思"谐音，由此衍生出很多有趣的故事，众多的吉祥话语或图案符号，甚至被演绎成了与国家、社会生活有密切联系的深刻意象。

荷莲谐音故事

"因何得偶"

从前，有一李姓员外，一天，他在花园竹亭里设宴招待他未过门的女婿程明政，准备借此机会考考这位年轻人。李员外将筷子伸向一盘藕片，继而出上联："因何（荷）而得偶（藕）？"思维敏捷的程明政见竹亭外有一株果实累累的杏树，笑对准丈人答道："有幸（杏）不需媒（梅）。"上下联皆以谐音借物，巧合、工整而得体，员外满心欢喜。这段楹联佳话，流传久远。

临刑作妙联

明末清初的著名文学评论家金圣叹因"哭庙案"被推上断头台。行刑前，儿女们赶赴刑场送别，但金圣叹镇静自若，视死如归，劝儿女们不要悲哀。他对儿女们说："不必哭啼，我出上联，你们对下联为我送行吧。"说完便吟出上联："莲子心中甚苦。"莲子为莲蓬中结的果实，莲子心，即胚，其味却是相当苦的。莲的谐音"怜"，将要就刑的父亲心中隐藏着说不出的"怜子"之苦。发自肺腑的上联，合时、切景、适情，儿女们悲痛欲绝，哪还有心思对下联。行刑时刻即到，若无下联，将是莫大的遗憾，于是，金圣叹笑了笑又吟出下联："梨儿腹内太酸。""梨"的谐音是"离"，即"离儿"的心是多么酸楚。"怜子"之苦，"离儿"之酸，此联的艺术效果令人拍手称绝。

荷莲谐音之吉祥语

夫妇和合：鸳鸯示夫妻，"荷"即"和"的谐音，表示夫妻相处和好，相亲相爱，有夫唱妇随之乐。

和合如意："荷"与"和"、"盒"与"合"同音同声，灵芝草象征着如意。"和合如意"，寓意和谐友好，称心如意。

连年有余："连年有余"是汉族传统吉祥图案，由童子、莲花和鲤鱼组成。"莲"是"连"的谐音，"鱼"是"余"的谐音，又写作"年年有鱼"。"连年有余"是祝贺之词，寄托了人们的美好愿望。

连生贵子：莲花被称为"君子之花"，其花和果由于是同时生长，故引申意为"连生贵子"。又因"莲"与"连"字、"笙"与"生"字、"桂"与"贵"字同音，借谐音表示连生贵子。

喜得连科："喜"是"喜鹊"的头字，"莲"与"连"同音，"一颗莲子"的"颗"与"科"同音，并有中举、考中之意。借谐音表示喜得连科，寓意连连中举。

一路连科："鹭"与"路"同音，"芦"与"路"同音异声，"莲"与"连"同音，并寓意"连科"。借谐音意指在科举考试中每试必中。

一品清廉：一枝青莲亭亭立于水中，端庄素雅，美丽俊拔。荷花"出淤泥而不染"的品格，正是高雅、清正的象征。图案中莲与"廉"同音，青莲与"清廉"同音，意在以莲花的品质比喻为官的清正、廉洁。

和合万年：图案为百合、万年青。和合，这里指"和睦"、"和气"，万年青喻"万年"，百合喻"百事和合"，指什么事都能协调顺利。"和合万年"，意指世世代代人事和睦，则自然事业兴旺，繁荣昌盛。

荷莲谐音与社会、政治

　　文化是后天的，自觉自为产生的，是人们有意识活动的结果。荷莲花文化、"和谐"文化同样如此，它不是牵强附会的结果。荷花是圣物，想必她也有"和"的理想。人们在长期众多荷事活动——在应用、观赏荷花中，产生各种思想活动，这些思想活动的积累，使荷"和"文化更加人文化、更广泛化了。

　　其实"和"文化、和谐思想由来已久。"和"是先秦儒家的最高价值追求，也是儒家思想的核心内容。所谓"和为贵"，就是认为"和谐"是天底下最珍贵的存在，是人世间最美好的状态。孔子提出"和而不同"，孟子的"天人合一"等等，这里的"合"、"和"是指人与自然的和谐，宇宙大地和谐。

　　对那些贪官污吏，人们除了厌恶憎恨外，无力用生硬办法予以解决，只有以朴素、诙谐观点对待，用友善、含蓄的方法予以真诚告诫——这就用上荷文化这种特殊的武器了。

　　高占祥先生不仅是个爱荷、迷荷、痴荷者，更是个高产量的摄荷、咏荷的摄影家和诗人。从出版的荷花摄影作品看，主要有《莲花韵》《百荷风姿》《荷花魂》《咏荷四百首》《咏荷五百首》和《荷花大观》等，共2000多幅。创作的咏荷诗篇达1000多首！

　　高占祥曾在《咏荷五百首》后记中写道："我如醉如痴地拍摄了各个品种、各个季节、各种风采的荷花照片，把荷花作为君子的象征来拍照，作为人品、人格来表现。同时也把我个人一生的情感与追求融进荷花的芳魂，甚至产生了'荷花即我，我即荷花'的感受。"

　　他从早春拍荷钱出水，到初夏照小荷尖尖；从盛夏摄绿盖红英成，到晚秋摄枯黄荷塘秋景。即使是冬日冰天雪地中的干枯荷杆，也被他定格为《琼枝》。钱叶、小蕾、花开花谢、枯叶莲蓬等，荷的点点滴滴都感动着他、都可进入他的美境！

高占祥咏荷也是全方位的。荷叶"绿盖红英成雅趣，不枝不蔓亦风流"；荷花"莲裳映绿红霞烁，天道仙姿压众芳"；月下荷"莲花如面月如眉"；风中荷"风吹叶动露娇妍"；莲梗"中通外直留天地"；莲结籽"后嗣满堂聚紫巢"；冬天莲塘"休言枯萎无生意，化作春泥蕴藕香"，如此等等，都给人以哲思、给人生以感悟。

朱宪民在高占祥的《莲花韵》之跋中誉赞道："占祥不愧为葆有感动能力的艺术家，他为莲荷的圣洁和高雅而感动着，同时再用他的作品感动读者。"

据王力健收集，我国近两千多年来的咏荷诗词歌赋仅 5000 多篇，留给高占祥的道路或空间还宽广得很！荷即占祥，占祥爱荷。"君子钟情君子花"，高占祥摄荷，"赏荷吟赋最风流！"

第十一章　荷与民俗

　　复杂纷繁的民俗事像是文化传统和民族精神的物质外壳，积淀在民众社会生活的习惯和人们心理深处，并影响着社会和人群行为规范和思维方式。人们总是通过大量的物象、表象、意象、图像等表露出来的某些迹象或单纯的现象，来表达某种特殊的意义。人们应用荷莲外形特征、内涵寓意通过联想、比较，运用谐音、会意等方式，赋予它们某些特殊意义，通过长期传承和发展，成为民间的特有的荷莲民俗文化。

荷花生日

　　苏州旧俗，农历六月廿四日为荷花生日，逢其时，男女老少都纷至荷荡赏荷，盛况一时空前。古人称六月为"荷月"，尊荷花为六月花神，大概亦与此俗有关。《清嘉录·荷花荡》中有这样的描述："苏州好，廿四日赏荷花，黄石彩桥停画鹢，水精冰窨劈西瓜，痛饮对流霞。"这样的盛况让人神往。

据《中华风俗志》载："六月二十四日，俗谓'荷花生日'，凡有池塘植荷者，以纸作灯，燃之放于水流。"以祭荷花神。

今日的江南虽依然延续着旧时的风俗，但已将"荷花生日"演变为"观莲节""赏荷节"了。

荷花是古老植物之一，远在一亿多年以前，地球上就已经有了荷花，他到底是何年、何月、何日生，谁能说得清呢？

周瘦鹃先生认为"荷花生日虽说无稽，然而比了什么神仙的生日还是风雅得多；以我作为《爱莲说》作者周濂溪先生的后代来说，倒也是并不反对这个生日的。"

采莲船

相传在唐太宗年间，河南洛水年年泛涨，水上有一座大桥，名叫洛阳桥，因年久失修，不幸被洪水冲垮，从此，交通切断，当地老百姓要求洛阳县官重新建桥，但县官不管不问，老百姓无人不愤恨。

一日，洛水上面来了一只采莲的船，只见船头有一个撑篙的大汉，船尾有一个艄婆，船舱有一位年轻貌美的女子，只听艄婆开口讲话，说：列位君子！我们是由南海来的，老身我带一子一女采莲为生，我这女儿，尚未许配人家，她一心要寻找与她有缘份之人，今日特来相会，恭请各位公子、阔少爷，不惜金银，投递我的女儿，若有人投中其身者，即为如意郎君，投不中者，金银慨不退回，休怪！

说罢，就将船移近南岸，一字摆开，女子站在船舱，待这班公子少爷投递金银。

一霎间，岸边人挤人，见了这一位天姿国色的女子，怎不喜爱，大家争先投银，闹得不可开交，于是就按先后次序排起队来，无钱的人，只是袖手旁观。哥儿们一个个要碰好运气，对准那个女子就把钱投进船舱，只听"叭叭"的声音，竟没有一个人投中，有的人一连投钱十几次，随身带的钱花光了，直到天晚为止。艄婆就约定明日再来。第二天，南岸边来投钱的人都是远路而来的，岸边排成一条长蛇似的，但是，并没有一个人投中女子，第三日，也是如此。采莲船又在北岸照此行事，一连三日，总是如此。

到了第七日，采莲船来到河心，只见这个女子开口讲话，说：吾乃南海观世音菩萨，得知洛阳桥被洪水冲垮，行人不便，地方官吏不理民情，故此，吾神特施此计，筹备这一项资金，供建桥使用，多蒙列位君子赞助，感谢！感谢！这时，洛阳汤知县得知消息，带衙役来拜见观世音，忏悔自己不理民情，望菩萨恕罪！观世音立即命令汤知县派人重建洛阳桥，于是就把捐来的金银金币交给了他，不许他从中作弊，汤知县答应照办。

从此，洛阳桥又建造成功，交通恢复。有个建洛阳桥的大匠，名叫罗相，乃是湖北沔阳（今仙桃市）人氏，他深感观世音菩萨大恩大德，回到家乡为了纪念起见，制作了一只采莲船。彩船是用竹木杆扎成的，下为船形约有五六尺长，上为宝塔亭阁型盖亭。并扎有彩球和剪出各种图样，贴挂在船上，安排七个人来活动：坐船的姑娘、撑篙的大汉、把舵艄婆，还有打锣、打鼓、打钹、拉琴的等。每逢春节，即初一到十五，沿街划采莲船，挨家挨户拜新年。给节日增添了喜悦的气氛。从此，罗相首创的这一民族舞蹈形式在中原地区很多农村仍广为流传。

元宵娘家送莲灯

　　福建泉州的花灯，具有悠久的历史和浓厚的地方特色。在泉州花灯中最突出的和最多的是纸折莲花灯。纸折莲花灯是泉州古老的传统灯品，花瓣用色纸折成。

　　泉州习俗，元宵节娘家必须给出嫁新婚的姑娘和女婿送一对莲花灯，一盏红的、一盏白的，挂在他们的床上，认为莲花可以给他们送来儿子。如今闽南人虽然已经不信这种说法，但元宵给新婚女儿女婿送莲花灯的习俗仍然保存下来，而且花灯越做越精美。

中元节与放荷灯

　　放荷灯，是华夏民族传统习俗，用以对逝去亲人的悼念，对活着人们的良好祝福。它流行于汉、蒙古、达斡尔、彝、白、纳西、苗、侗、布依、壮、土家族地区，各地在三月三、七巧节、中秋节晚上水边、塘边、河边常放荷灯。

　　旧历七月十五日的中元节期间，佛教徒举行庆祝仪式，即"盂兰盆会"，庆祝中元节不仅是为了拜祭死去的亲人，对佛教徒来说，这也是纪念目莲的日子，借以表扬他的孝道。而民间举行制法船、放荷灯、莲花灯，祭祖、唱"应景戏"等活动。荷灯、莲花灯便作为供灯的重要道具而出现，在从前是烧蜡烛、燃油灯。灯代表智慧，驱除黑暗，智慧照亮人生，更深的意思它代表燃烧自己，照耀别人。

童子持莲过七夕

持莲童子这一艺术形象，肇始于宋代。宋人有诗云："况是上元佳节，华灯万点看莲童"，这是一首描写民间欢庆元宵佳节的诗句。莲童就是持莲童子。不过，元宵节时并无莲花，哪来持莲的童子？原来，持莲童子的形象来源于北宋汴京的一种民俗，宋室南渡后，又传至临安城。《东京梦华录》记载："七夕前三五日，车马盈市，罗绮满街，旋折未开荷花，都人善假做双头莲，取玩一时，提携而归，路人往往嗟爱。又少儿须买新荷叶执之，盖效颦磨喝乐。"磨喝乐乃当时流行的民间供养的婴孩偶像，此偶像又可追溯到唐代流行的"化生"风俗。《唐岁时纪事》云："七夕，俗以蜡作婴儿形，浮水中以为戏，为妇人宜子之祥，谓之化生。"所谓"化生"，实际上是一种求子习俗。七夕是神话传说中牛郎织女在天河相会的日子，放小儿偶像于水中，象征生子。也有人认为持莲童子来自佛教中"莲花生子"的传说，说的是古代波罗奈国的一座仙山上住着梵志，一只母鹿舔了他的便溺后怀孕生下一女。女孩长大后嫁给梵豫国王，生下一朵千叶莲花，遂被大夫人装进篮子里扔入河中。此事正巧被耆延王看见，于是将篮子捞起，见千叶莲花每片莲花上有一小儿，于是将他们收养。小儿长大后，个个成了大力士。汉人讲究谐音，"莲生贵子"即寓意"连生贵子"。每逢佳节，持莲童子便成了喜庆活动的一道风景，即使在莲荷未开的季节，人们也会做成莲花形状的道具，以增添喜庆气氛。

近年来，国家计划生育政策的放松，有不少地方在荷花盛花期，开展童子持莲活动，人们借此以期望多子多福，同时亦有望子女成龙成凤。不知何人发明将七月七日作为中国式"情人节"，那么荷花作为情人的象征花卉或信物是名正言顺的了。

九莲灯

相传，在混沌初开的远古时期，天宇有十个太阳，大地被烤得赤地千里，万物难以聊生。后羿拉弓搭箭射掉九个太阳，天宇遂归风和日丽、冷暖交替，大地遂得四季轮回、万物滋生。虽说天宇十日令大地蒙难，但正是因为有此十日使天宇混沌而渐生万物，那九日于人类也有一定的贡献，人类感恩而"九九归一"，于是有了"九莲灯"这一民间舞蹈。随着时间的推移，"九莲灯"逐渐与唐朝时的"城隍出驾"等祭祀性活动联系起来，并伴以舞狮、腰鼓、彩船等形式组成规模较大的群众性的表演队伍，而被赋予新的意义。

关于九莲灯的来历，民间还流传着许多美好的传说，有的说是由远古清明节的"城隍出驾"等祭祀活动演化而来；又说是一个穷苦姑娘为报杀父之仇与恶霸抗争跳崖身亡化作了九盏明灯；还有一种说法是九莲灯乃道家神灯，以九盏莲花灯串联而成，故曰"九莲灯"，此灯原为莲花山香菓洞道德真人之看家法宝，九盏灯内按九宫八卦、诸天星辰排列，神通广大，法力无边，往上能够照彻天门，往下可照开地狱，中间能照射尘世，具有解难度厄驱灾避邪之功能。故此道士们外出作法事时，皆携带九莲灯前行，用以降魔除怪，驱灾避邪。

九莲灯表演时，九人成一路纵队，前八人每人用两根龙头木仗

支撑双臂。龙头木仗涂红色，一端为半圆形，以便于撑腰为宜，另一端是彩色龙头，上挂彩色灯笼；最后一人双手高举五尺长的竹竿一根，竹竿上交叉固定几个竹块，竹竿顶部和竹块两端均挂彩色灯笼，共九个，名曰"坐督灯"。表演者在街上边走边唱（也有直走不唱的），其唱词多为消灾免难、逢凶化吉之类，伴锣鼓吹打，再加上九九八十一盏燃烧的灯，看上去极为壮观。祭祀活动开始之前，必须有九个身体较壮士的挂灯人（一般为当地屠户）先净身（洗澡），以保持身体干净，然后上身赤裸，下穿短裤，脚瞪草鞋，由带头的长者分别在每人前胸、上腹、后背、两臂和额头上挂上九盏特制的"莲花灯"，挂的时候，长者用左手牵起挂灯人上身外表一层皮，右手把"莲花灯"背面的小钩直接刺入人体挂在这层皮上，灯挂好之后，挂灯人的双手必须伸直，以便两枝龙头杖能够插在腰间、随后在挂灯人的额头上缠一条青纱（丝帕），戴上一副墨镜，腰上再缠一根青纱以防元气外泄、最后在每盏灯里装满重约一两菜油，整个准备活动就完成了。

荷花灯舞

　　莲花灯：又叫"荷花灯"。作为民间舞蹈，流行于全国各地，甚至在泰国也跳莲花灯舞。"莲花"深为我国人民所喜爱，故莲花灯舞是民间灯舞中最常见的表演形式。各地表演虽有不同，但莲花形灯色彩，都扎制的绚烂瑰丽。通常是舞者提或托在手中起舞，有一手拿一灯，有一手拿两灯，也有两手各执一灯。夜晚表演，灯内燃烛。在形式上以女子集体舞为多，常见的是九个少女表演的"九莲灯"，也有男女对舞的。一般多载歌载舞，并以旋灯技巧和队形变化为其突出特征，舞蹈轻松活泼。旧时，有的道士在做道场中也跳莲花灯。

第十二章　荷与名人

周敦颐与莲

　　北宋理学家周敦颐（公元 1017 － 1073 年）一生酷爱雅丽端庄、清幽玉洁的莲花，曾于知南康军时，在府署东侧挖池种莲，名为"爱莲池"。池宽十余丈，中间有一石台，台上有六角亭，两侧有"之"字桥。盛夏时节，他常在池畔漫步，欣赏着缕缕清香的莲花，口诵《爱莲说》。自此，爱莲池闻名遐迩。他的《爱莲说》全文仅 119 个字，文章简洁凝练，词丽情浓，见解深邃精辟，被誉为千古绝唱。他通过对莲的优雅、芬芳、纯洁、高尚、清廉、正直的可贵气质和风姿的描绘与赞美，借莲歌颂"出淤泥而不染"的君子，讽喻追求富贵利禄的世俗之辈。文章托物言志，以莲花自比，表达作者决不肯与世俗同流合污、不愿攀龙附凤的坚贞操守。对现世反腐倡廉，扭转社会上的不正之风，具有极其深刻的教育意义。

朱熹"爱莲"

　　周敦颐是我国理学的开山之祖，曾官知南康军。他的著名散文《爱莲说》借花喻人，言简意赅，人们广为传诵。南宋理学家朱熹（公元1130—1200年）知南康军时，慕拜先师，遍访周敦颐的遗迹，亲自抄写《爱莲说》刻石树碑于濂溪书堂之中。这时周敦颐的曾孙周直卿正好从九江来到南康，把一本先祖的手稿送给朱熹。朱熹读后深有感触，挥笔题匾"爱莲"高挂濂溪堂前，并撰《爱莲池》诗一首："闻道移根玉井旁，花开十里不寻常。月明露冷无人见，独为先生引兴长。"

乾隆与荷

　　乾隆一生爱荷。11岁时，他随父亲胤禛，即雍正帝，到承德避暑山庄，在如意洲上的观莲所内为爷爷康熙帝背诵了周敦颐的《爱莲说》，受到了康熙帝的赞赏。乾隆帝非常敬仰荷花的君子节操，他认为荷花精神是"以曲为伸，丈夫之道；淡而无华，高节乃现"。曾有《荷花》诗曰："水花多矣冠为荷，净植亭亭映碧波。底事帧中才一朵，世间君子得难多。"写出他对君子花——荷花的由衷吟赞。乾隆在位期间曾六下江南，尤对江南园林的荷景甚为喜爱与赞赏，写下近40篇咏荷诗文，并把江南园林中的荷花，引种到北方皇家宫苑，使荷花得到进一步传播。在他第三次南巡至杭州西湖时，被"麯院风荷"的景色所感动，亲笔题写"曲院风荷"匾额。回京后，在圆明园中亦建起"曲院风荷",其中种荷栽柳,在北方皇家园林中创建了一个江南特色的佳景,成为圆明园四十景之一。

孙中山与荷

在中国革命的艰危年代里,孙中山四处奔走、生活动荡,可在他的心灵深处,同样有对花卉的爱好。他珍重梅花的遍布中华大地;他爱好菊花的凌霜傲骨、品格清高;不过,他似乎对荷花怀有更深厚的感情。

1916年8月16日,孙中山从上海去杭州,当地各界人士邀他前往西湖观赏河山胜景。此时湖边水面荷花盛放,他指着俊雅婷立的荷花笑对旁人道:"中国当如此花!""中国当如此花"——是孙中山先生自身品格的表露。他既不羡慕牡丹的荣华,也不钟情于桃李的娇艳,却希望中国人都能像荷花那样高尚挺立、磊落光明,也寄望新兴的中国能像荷花那样灿烂芬芳、香飘四海。

1908年,孙中山先生留居日本时,为了感谢房东田中隆先生对当时中国革命的支持,他将他的亲笔手书"至诚感神"和象征君子友谊之情的四颗莲花种子赠送给田中隆先生。田中隆家人将这四颗莲籽作为传家之宝珍藏,直至1930年,才请日本"荷花博士"大贺一郎先生将这四颗莲籽培育开花,并命名为"孙文莲"。1979年时任我国人大常委会副委员长的邓颖超访问日本奈良唐招提寺时,大贺一郎的学生阪本佑二先生委托唐招提寺的主持森本孝顺长老将"孙文莲""樱莲""渔山红莲""尼赫鲁莲"等一批珍贵的荷花品种送给邓颖超副委员长，请她转交给中国科学院武汉植物园，以表达中日人民的友谊。成为中日人民交往史上的一则佳话。

"孙文莲"是一种单瓣的莲花品种，花瓣21枚左右，花瓣呈倒挂金钟状淡粉红色，花朵直径22—26厘米，花期为6月中旬至7月下旬。这一适于湖塘或缸栽的花莲品种，如今早已在全国各地推广，它与"中日友谊莲"等荷花品种一起，共同盛开在中日大地上，象征着孙中山先生的事业和中日人民的友谊万古长存。

张大千与荷

近代国画大师张大千先生，人称"荷痴"，他的荷花作品不胜枚举。他自己常说："（我）赏荷、画荷，一辈子都不会厌倦！"张大千年轻时住在苏州，庭院里那一池荷花成了他写生的好地方，他三十三岁时开始住进北京颐和园，一住就是五年，颐和园池塘中那又肥又大的荷花使他对画荷的兴趣越加浓厚。由于长期与荷花相处，使他特别偏爱荷花。张大千爱荷花出泥不染，娉娉婷婷从水中浮起，雍容高贵，而田田荷叶，姿态优雅的荷杆也时常走进他的画面。他认为，荷花最难下手的部分不是花，而是杆子，因为一笔下去不得回头，重描就不成画了。张大千常作小品荷花，但也有许多壮观的大幅荷花作品，如 1963 年他在美国展出的六屏巨幅荷花，这六幅墨荷在作画当时，必须在大画室才能完全摆平，在日本裱衬时，裱画店只好打通工作房裱画。这幅长 12 尺，宽 24 尺的六幅巨幅荷花屏风，在美国展出后，由《读者文摘》购藏，14 万美元的售价，打破中国画售价的新纪录。

季羡林——季荷

《清塘荷韵》是季羡林先生于八十六岁高龄时完成的一篇上乘佳作，它清新俊逸，脱尽浮华，行文平易晓畅，直白中蕴蓄着哲理，情感朴素真挚。细加品读，如同品尝陈年佳酿，芳香四溢，韵味悠长，让人回味，令人叹服。

恋荷之情韵

荷花是季老的爱恋所在。作者在文章一开头就流露了对荷花的极其喜爱之情，面对楼前"半亩方塘一鉴开，天光云影共徘徊"的数亩清塘，努力寻找30多年前残存在记忆里的荷花"碎影"，心里总觉得好像缺少了什么似的，因此，每次看到清清池塘"总觉得是一块心病"。清波荡漾，绿柳拂水，荷叶田田，莲花迎风，这是季先生对楼前数亩清塘的殷切期盼。这种期盼之情便十分自然地转化为"种荷"的举动。作者生怕"千年不烂"的洪湖莲子不发芽，就用铁锤在莲子上砸开一条缝。种了莲子，每天多了一件工作，到池塘边上去看上几次，一位耄耋老人的率真情感跃然纸上。可是，第一年、第二年，虽翘首般地祈盼，但水面上毫无"生"的动静，即使在完全灰心无望的时刻，作者仍情有独钟地对它寄托着期待，切盼奇迹的出现。到了第三年的春天，投下莲子的地方长出了几个圆圆的绿叶，这好像使作者见到了满塘的希望。但碧波荡漾的楼前清塘依旧只是那几片水浮莲似的荷叶，仍然让作者度过了"虽微有希望但究竟仍令人灰心的一年"。以上这些文字用了相当多的笔墨尽情渲染和铺张。为接下来描写满塘的荷叶积蓄了足够的力量。到了第四年，"一夜之间，突然长出了一大片绿叶"，荷叶迅速扩散蔓延，遮掩半个池塘。此时狂喜过望的作者又每天至少几次徘徊在池塘边，兴致勃勃地数那荷花的朵数，晚上一家又坐在池塘边伴着清香纳凉，作者更把它视为家珍，誉为"季荷"。作者描绘种荷、盼荷、赏荷的过程，其实正是作者恋荷情感的自然流露。莲子、荷花的生存状态与作者的爱好、心境、情绪全都融合到一起，成为作者生命中不可缺少的一部分。

绘荷之风韵

荷花是"花之君子"，"出淤泥而不染、濯清涟而不妖"。然而，荷花在季先生的笔下，却另有一番风韵。它在荒芜的湖面下，在阴暗的泥沼中，静卧一年二年，甚至第三年也只有孤零零的五六个叶片，但是到了第四年，在经历了漫长的寂寞后，荷花完成了生命的再现。原来平卧在水面上的一些荷叶竟跃出了水面，而且迅速地扩散、蔓延。不到十几天的工夫，荷叶已经蔓延得遮蔽了半个池塘。"叶片扩张的速度，扩张范围的速度，都是惊人的快。"这不正是荷花强大生命力的体现吗？"这些红艳耀目的荷花，高高地凌驾于莲叶之上，迎风弄姿，似乎在睥睨一切。"茂密的荷叶、红艳耀目的荷花也正因其顽强的生命力而尽显风韵，成了作者眼中的一道风景。再联想季老的人生遭遇，这种顽强而美丽的生命，这种"极其惊人的求生存的力量和极其惊人的扩展蔓延的力量"，不正是作者生命历程的真实写照？而面对莲瓣的凋落，作者也精心描绘："风乍起，一片莲瓣堕入水中，它从上面向下落，水中的倒影却是从下边向上落，最后一接触到水面，二者合为一，像小船似的漂在那里。"通过这段文字，让读者似乎身临其境：月下荷塘，波光粼粼，微风不经意时吹落了一叶荷瓣，倒影上浮，花瓣飘荡。整幅画面生动而细腻，柔和而宁静。它似乎在启示我们：这瓣荷花，曾饱尝过孕育的艰辛，也曾感受过生命的快乐，而此时面对生命的消逝，它却是如此的平静，走得如此的飘逸，如此的洒脱。荷花是彻悟生命的智者。由此，我们亦可领悟到季老那种豁达超然、充实丰厚的人生境界。

显荷之神韵

荷，清新自然，淡雅出俗。而这篇文章语言朴实凝练、自然清新，可谓深得荷之神韵。描写月下荷塘的情景动静结合，细致入微，给读者呈现了一幅宁静、安详、柔和、清新的画画。这里没有刻意地修饰，也没有过分地夸张，就在信手描写中十分自然地展现了大自然的宁静之美。再看最后对残荷的描写："连日来，天气突然变寒，好像一下子从夏天转入了秋天"。"再过一两个月，池水一结冰，连残荷也将消失得无影无踪。那时荷花大概会在冰下冬眠，做着春天的梦。它们的梦一定能够圆的。"作者寄予了对残荷的美好的祝福，也是作者人生理想的体现。它朴实得不能再朴实了，但感情却是深沉而厚实的。不仅能感受到作者对荷的美好祝福，更能感受到老人的厚重与踏实，它正如清水中的莲，朴实庄重，韵味十足。

高占祥的摄影作品与爱莲诗

高占祥的爱莲诗是一种古典美与现代美的交织，一种文化美和感情的完美结合。"西风十里万泉寺，一路荷花香到门。"读高占祥的荷花诗，不仅是一种艺术的欣赏，而且是一种心境的感受。

高占祥最早的咏荷诗是在他的一本《微笑》的诗集中，如《赠莲》《洁莲》《捧莲》《驮莲》四首诗。他的《莲花韵》《百荷风姿》《荷花魂》《咏荷四百首》和《咏荷五百首》里的咏荷诗则是一簇簇姹紫嫣红的花。高占祥的诗有三大特点，那便是清秀隽永，气度不凡；不拘一格，音律自然；自由活泼，个性尽现。的确，他的荷花诗既有水墨画的味道，又不难看出他精雕细刻妙笔生花的功力，在晶莹透彻之中散发着一种五彩的斑斓，在朴质自然之中流露着一种诚挚的心态，在情真意切之中弥漫着一种淡淡的清香，在深奥的哲理之中蕴涵着一种浅显易懂的卓识。高占祥同志拍荷的一个最大特点就是静中有动，动中求静，情中有景，景中生情。有的热情奔放，有的意境深远，有的朴素淡泊，有的宁静致远。花与叶的完美搭配，光与影的交叉对称，动与静的浑然交错，情与景的和谐统一。或写真或夸张，或抽象或具体，或虚或实，或淡或浓。情寓景中，理寓于情表，给人以丰富的想象。高占祥拍荷作品追求层次的渲染和"天然去雕饰"自然美。一片叶表现的是一种生命的抗争力，一朵荷花显示的是一种生命的爆发力，一簇荷尖象征的是一种生命的向心力，一杆莲蓬展露的则是一种生命的凝聚力。一只蜻蜓，一滴水珠，一尾小鱼，一瓣落花，一抹斜阳，一泓清水，一弯新月，一波涟漪……仿佛都在为镜头增光添彩。这也许是大自然的巧妙安排，然而更是作者的匠心所致。

高占祥同志身居要职，但他是来自最底层的"童工部长"，无论是诗作或是摄影作品，全都充满了平民意识：他的笔下（诗作）及定格框里，荷莲都是老百姓的荷莲，感情是老百姓的感情，与老百姓的内心世界息息相通，透着浓浓的老百姓意识。他眼中的"君子"是：做人要做纯真的人，做官要做清廉的官。

"荷痴"黄永玉

黄永玉笔下的荷花是具有独特风格的，它们没有给人那种非常清高、出世的感觉，而是一种很绚丽、很灿烂的气质。他曾开玩笑说，荷花从哪儿长的？从污泥里面长的，什么是污泥呢？就是土地掺了水的那个叫作污泥，是充满养料的那种土。

黄永玉被称为"荷痴"，不单是缘于他画的荷花多，还在于他画的荷花独树一帜，神韵盎然。国画传统讲究"以白当黑"，他偏偏来个"以黑显白"，这种反向继承不但使画面看上去主体突出，色彩斑斓，而且显得非常厚重，有力度。

不仅如此，他作起画来没有任何条条框框的限制，皮纸、高丽纸、水粉、丙烯、国画色无所不用；反面泼墨，正面点染，巧拙互补，工写结合，一切出自表达内心情感的需要。面对那些奔放率意的构图、绚丽饱满的色彩、睿哲诙谐的情趣，你会发现他在东西文化间漫步竟能如此轻松自如，随手采撷，无拘无束。

叶嘉莹的《荷花五讲》

叶嘉莹出生于 1924 年农历 6 月，中国把这个月俗称为荷花月，故可以说叶嘉莹"生于荷月"，于是她的双亲为其取乳名为"小荷"。她的老师与佛教有关联，并为她取大名叫嘉莹，号迦陵，嘉莹是迦陵的谐音。迦陵是指佛教中的一种神鸟。据传，此鸟声音美妙动听，婉转如歌，佛教经典称之为"妙音鸟"。众所周知，荷莲是佛教经典及艺术的象征物，叶先生的出生、乳名、大名及字号，都与佛结下了不解之缘。

叶老先生的《荷花五讲》是以荷花为主线条，通过围绕荷花展开的五次演讲，自述了作者一生与中国古典诗词为伴的经历以及与佛法不可思议的殊胜之缘。《荷花五讲》分别是：《我与莲花及佛法之因缘》《迦陵诗词稿中的荷花》《谈我与荷花及南开的因缘》《我心中的诗词家国》《九十岁的回顾——〈迦陵诗词稿〉中之心路历程》。

叶先生一生坎坷，她都坦然面对，一切随缘，但总与荷因缘相牵，与古典诗词紧密相伴。她对李商隐吟荷情有独钟。"荷叶生时春恨生，荷叶枯时秋恨成""何当百亿莲花上，逐一莲花现佛身"。她生在"荷月"，荷就是莲，于是，她特别留意荷的质量、荷的特征，也更留意诗文里边写到荷花的句子，她被吟荷诗句感动，在心里面反复地思量，所以在不同时期写下了优美的咏荷诗篇，且从不少诗人的诗中留意到佛教。

"花开莲现，花落莲成"是叶先生第一次聆听到佛语，第一次初悟到莲、佛之间的哲理。从此，莲、佛同她如影随形。她认为，莲代表人的一种觉悟，你在这个世界上的意义、价值和目的是什么？

你花开的时分，觉悟的种子就在那里了，可是当时你被这个大千的繁华世界"耳迷乎五音，目迷乎五色"，世界对你的诱惑这么多，你盲目地追求了很多东西，等这些繁华的追求都落尽了，你最后才明白，智慧的种子是什么。所以李商隐说"何当百亿莲花上，逐一莲花现佛身"，每一朵莲花上有一尊佛像，而佛是给人智慧的。

由上述点滴可知，叶先生与荷紧密相连，非指植物学意义上的荷莲，而是精神、哲学意义上的"荷莲"，但毫不影响她对植物学荷莲的情感。荷莲最适在华夏大地上生长，"不向异根生"，到温哥华后她感慨异国无荷花，勾起她对祖国的思念。三十载后终于归国任教，一颗漂泊的游子之心终于回到了故乡的怀抱，可喜的是，南开大学马蹄湖畔，荷花正好。

她近期赋诗道："结缘卅载在南开，为有荷花唤我来。修到马蹄湖畔住，托身从此永无乖。"

她是一朵"小荷"，这朵生命力顽强的小荷，那么有生机，那么璀璨！2018年6月，叶嘉莹先生将自己价值达1857万元的全部财产捐赠给南开大学教育基金会，为的是中华古诗词这朵大荷莲连绵不断地、绽开得更艳。

"小荷"继续在中华古典诗词中绽放，"迦陵"鸟儿在纵情歌唱！

王其超、张行言：荷花夫妻并蒂莲

王其超、张行言夫妻从20世纪60年代开始系统研究荷花，特别是改革开放以后，集中精力研究荷花，做出了突出业绩。他们潜心研究，著书立说，构建了荷花研究的经典；提出了荷花原产地是中国的科学论证；创建荷花品种分类系统，将中国栽培荷花的历史划分为五个时期；对中国荷花种质资源进行调查统计，确认花莲品种有千余个；长期从事科学实验，探索荷花遗传规律，在武汉东湖风景区创建荷花品种资源圃，大规模开发、培育荷花新品种。他们合作或单独发表的科学论文累计达 70 余篇；撰写、出版了 15 部荷花研究著作，其中夫妻合著 11 部，与他人合著 5 部。主要代表作有 1989 年出版的《中国荷花品种图志》，被誉为"荷花研究的典籍"，在学术界产生了广泛而深远的影响。2005 年出版的记录了 608 个花莲品种的《中国荷花品种图志》，不仅成为中国荷花研究和栽培者的宝典，而且受到日本、美国、泰国同行的赞誉，对传播中华荷文化起到良好的推动作用。之后又相继出版了《中国荷花品种图志·续志》《中国荷花新品种图志Ⅰ》等著作，进一步扩大了研究领域，形成了荷花研究大典，使中国的荷花研究达到了新的高度。

王其超、张行言多年来为了解中国荷花种质资源及分布情况，不畏艰险，纵横千里，深入实地调研，到北疆湿地泡子探野荷、西南普者黑考察深水荷、南沙湿地调研荷花的耐盐碱性，足迹遍及祖国西域东部南国北疆。王其超为查清中国荷花资源分布情况，不顾酷暑严寒，跑遍 10 余个省份实地察看，掌握第一手资料，认真研究。

在王其超的积极推动下，1989 年成立了中国花卉协会荷花分会，有力推动了中国荷花研究的蓬勃开展。王其超、张行言对中国荷花学术研究和品种资源的保护与创新发展，弘扬和传播荷文化，以及增进国际学术交流和民间友谊做出了卓越贡献。其中，最突出的贡献概括起来有三个方面：一是系统调研中国荷花种质资源，创建了荷花品种分类系统，确认中国花莲品种约 1000 多个；二是通过对中国相关历史文献及考古发掘成果的详细研究，论证确认了荷花原产地是中国，发现中国有近 3000 年之久的栽培史，从而纠正了长期以来误认为荷花原产地为印度的说法，清本正源，还原了历史；三是培育花莲新品种 200 多个，丰富和发展了中国荷花种质资源，使之领先世界，积极促进荷花资源在国内外的交流推广。

第十三章　荷与宗教

荷莲与佛教

数千年来，荷与佛结下了不解之缘。那片片荷花瓣，仿佛含着禅机。荷花成为佛教象征的名物，在虔诚的佛徒心中，佛即荷，荷即佛。

佛教经典中，荷花是经常出现的，《妙法荷花经》即以荷花为喻，象征教义的高雅纯洁。因为妙法是清净的，如同出淤泥而不染的荷花。又因为荷花与其他植物不同，绝大多数植物是先开花，后结果，而荷花是花果同时、根藕（佛教认为藕亦是果）相连。九界众生以迷为因，佛界以悟为果。佛教认为：佛界当中具有众生界，众生界当中具有佛界，从而因中有果，果中有因，生佛不二。因果同时与荷花的花果同时相似，由于荷花有此独特的性能，因此以荷花比喻妙法。

生于污浊，一尘无染

荷莲"出淤泥而不染"的独特品性与佛教所奉持的理念不谋而合。佛教旨在普度众生、摆脱苦海，而从人生苦海的此岸到达极乐净土的彼岸正如同莲花一般，出于恶浊环境，但不为污浊所染，超凡脱俗。据《佛说阿弥陀经》所载，人类生活的尘世为"五浊恶世"，即劫浊、见浊、烦恼浊、众生浊、命浊。人类既生于浊世，难免不被所污，然而佛心恳切，常以"莲花"譬喻，警醒世人。《四十二章经》第二十八章中记载："我为沙门，处于浊世，当如莲华，不为泥污。"这是告诫世人，虽环境恶浊，但应如莲花般超凡脱俗、清净香洁、无尘无染，方能达到无碍圆融、清净安宁的微妙境界。

佛法中也不吝笔墨用莲花之清净香洁特质譬喻生于世间、长于世间的如来佛祖之清净无染。如原始佛教经典之一《中阿含经》中说："佛陀的心如莲花，出于世法而不染世法。"

佛法认为"即心即佛"，所以对于佛教徒来说，修行即是修心，使心性与佛及佛法相呼应。而要达到这一境界的关键在于能否有一颗像莲花一般出于浊而无染的清净之心。佛法中大量使用莲花的意象旨在劝导世人应舍染趋净，心性如若达到莲花境界，虽身处五浊恶世，实际已达弥陀彼岸极乐国。

觉悟莲花，因地制宜

佛教将莲花圣洁高雅的特质与佛性和人心联系在一起，如《大正藏》中说，莲花有四德——香、净、柔软、可爱。莲的花、果（即藕）、种子（亦称莲子）三者并存象征着佛教中"法身"、"报身"和"应身"同驻。佛经中更是将莲花与如来的智慧比肩，如："观莲花不观余花耶？……如世莲花处污泥之中，生处虽说恶，而莲花体性清净，妙色无比，不为诸垢所染。凡夫变复如是，虽种种不尽三毒过患无量无边，亦此莲花三昧甚深，果实皆生其中，即是如来平等大慧之光也。"对于佛教而言，莲花已经不只是一种普通的植物，而是具备佛教精神的觉悟之花。

莲花出自污泥但却圣洁不凡，向世人证明了环境并非是影响人生的决定性因素。人们应该根据所处的环境，因地制宜，及时做出调整，不被恶劣的环境所影响。不仅如此，还应该以自身圣洁的品格去感染他人，为他人和周围的环境带去芬芳。莲花的意象应和了佛教的教义。佛教借用莲花的觉悟、品质意在表明人应如莲花一般，达到较高的人生境界。

莲花化生，花开见佛

"莲花化生"是佛教里的一个重要概念。如佛经中记载，释迦牟尼佛降生之初，舌根中闪出的金光化作千叶白莲，每朵莲花之中还有菩萨。佛陀诞生落地之时，每走一步便生出一朵莲花，周行七步，生莲七朵。

在佛经的这些记载中，莲花被赋予了殊胜的地位。佛教认为"莲花化生"即是功德圆满。因此，《弥陀四十八大愿》中的第二十四愿为"莲花化生愿"，即往生西方极乐国土的人，都是在莲花中化生。"诸天人民以至蜎飞蠕动之类，往生阿弥陀佛刹者，皆于七宝池莲华中化生。"佛教认为，每一个愿生极乐国的人在极乐世界的七宝池中都有自己的一朵莲花，此莲花会根据个人的念佛修行程度而发生变化。精进修行，则莲花增长；慵懒退惰，则莲花衰败凋落。而"花开见佛"则是指，根据阿弥陀佛四十八大愿，一个人临命终时，如果心念弥陀圣号，一心不乱，则可蒙佛慈力手持莲花接引，往生西方。

等到莲花盛开，就可享受亲自聆听阿弥陀佛讲法的殊荣。

另一方面，"莲花中化生"的理念也极大地丰富了佛教诗歌的发展。莲宗第十一祖省庵大师有诗云："琉璃地上绝尘埃，晏坐经行亦快哉。锦绣织成行树叶，丹青画出众楼台。漫空华雨诸天下，遍界香云大士来。何处忽生新佛子，芙蓉又见一枝开。"此处的"芙蓉"就是莲花的别称。"芙蓉又见一枝开"指化生莲中、莲花盛开、功德圆满之意。又如，"何日如蝉新脱壳，莲华胎里独栖神"，也是借用了"莲花中化生"的意象，表达了佛教徒想要获得新生的愿望。再如孟浩然《题大禹寺义公禅房》中"看取莲花净，应知不染心"，黄庭坚《白莲庵颂》中"入泥出泥，圣功香光。透尘透风，君看根元。种性六窗，九窍玲珑"。这些诗歌都是以莲花为创作的原型，赞美其清净根性与佛性相通。

在佛教的发展历程中，莲花的意象不断被丰富、完善，佛教常用莲花作为教义的表征，而莲花的独特品质也被赋予了一种佛性。当今社会，莲花所传递的文化意蕴已经远远超出了宗教的界限，它的清新柔和、圣洁高雅、趋净避浊、无尘无染的特质正是人们要追求的人生最高境界。

凡有关佛教的建筑、绘画、雕塑、用品，无不以荷花为图案，很多佛、菩萨的手中持物为荷花或待开的花蕾。佛教之密教中，不仅将荷花之花作为佛教本质的象征，青翠圆润的荷叶亦是用来比喻佛教的清净微妙、神圣、高洁。

净土宗更以荷花为极乐世界的象征，极乐世界开遍了荷花，人们以荷花为居所。那里不仅美丽、和平、庄严、富有，而且人们都没有烦恼，只有欢乐、人人长寿、品德高尚，这样的净土怎不让人神往！

观音菩萨与莲

我国民众信仰观世音菩萨极为普遍，并流传着很多关于她的传奇故事，其中有一则故事就是寻莲。相传，观世音菩萨在凡身时名为妙善，自幼聪明且十分善良。小妙善在一次行善中不幸额头受伤，留下疤痕，多方求医，均未见效。有一术士指点她，寻找到莲花可治愈。妙善寻莲至须弥山上，一老者告诉她："你要找的莲花世间确实有一朵，但不在此处，有人早已将它移至南海普陀落迦山做成莲台了，以备你日后启用，那里的紫竹林才是你的净土。"妙善圆寂后，脱去凡胎，一路脚踏浮云，飞到南海紫竹林。那里是人间圣境，处处是奇花异草，洁白的莲花开满池塘，缕缕清香四处飘散。观世音菩萨落座在紫竹林中的莲台上。从此以后，开始显化她的各种化身，为世人排除一切苦难。

荷莲与道家

道教是中国本土之教，很久之前道家就赋予荷花以象征意义上的仙气，且出现在不少文学作品或传说中。如南北朝时期诗人江淹的《荷花赋》中有云："一为世瑞，二为道珍。"此时，随着荷花种植的普遍，荷文化不断发展，道教的发展已渐趋成熟，荷花顺理成章地成为"道瑞"的象征之物。同期诗人郭璞作《芙蓉赞》曰："芙蓉丽草，一曰泽芝。泛叶云布，映波椒熙。伯阳是食，飧比灵期。"诗中说荷是道教始祖老子的食品，是神仙降临或修道成仙之物。后世药方和修炼之士用及莲子者，多言其服之不饥，轻身延年，发白变黑，齿落复生，为长生仙物。这一方面是基于荷子本身的营养作用和功效，的确于养生有利；另一方面是由于道教视之为仙物，赋予它仙气的影响。

道家注重养生，极重视长生不老方剂的研制（炼丹）技术。元朝著名营养学家忽思慧所著的《饮膳正要》在第二卷的"神仙服食"一节中列举了26个方剂，其中有关荷莲的方剂就有"服莲花""服藕实""服莲子""服莲蕊"4个。这些方剂是忽思慧从历代道家经籍或神话故事中摘选来的，亦从侧面说明荷莲与道家成仙得道的相关性甚密。

早期，荷花并没有像佛教那样被道教尊为圣物，但它生命源于水的哲学思想、多子的植物特性，使其成为道教当之无愧的一品冠花。道教中高功法师上坛做法事时，需戴道冠，而荷花冠为道门三冠之一。因其外形乃是一朵盛开的荷花，故名荷花冠，它被视作通天通神的生命符号，即将荷花瓣纹样之冠戴在头上，可与上天、神灵沟通、交流，以示"人神以和"，神人"和"为一体，驱邪趋祥，以求世间和谐祥泰。

佛教传入中国的过程中，莲花在佛、道中的身份是"你中有我，我中有你"。道教中的道瑞——"老子安坐莲台"源于佛教的启示。西晋王浮的《老子化胡经》中有老子传教遇难坐莲花上的叙述。

道教文化中"莲"的含义是力量、再生、孤傲。传说中道家神仙居住的池里长有千叶莲花。"八仙"是中国妇孺皆知的神话故事人物之一，谈到八仙又会令人想起其中唯一一位美丽的女子——何仙姑。她是凡人出身，苦修积善，终于修炼成仙。八仙各显神通各有法器，而何仙姑手中所擎的就是一支清亭美洁的荷花！

让何仙姑擎荷，也许是因为她俗名姓何，而取其谐音。然而，仔细想来，真的没有比荷花更适合她的法器了。何仙姑美丽端庄，为人善良高洁，又活泼灵动，荷花之美正是对她最好的诠释啊！

荷莲与儒家思想

石小玲总结有关研究认为，儒家的哲学是生殖崇拜哲学，儒家的根本思想生发于生殖崇拜，其深层是对男性的推崇。随着历史的嬗变，荷莲文化内涵由最初的生殖、繁衍及婚恋开始分化和深化，一是从"莲生子"的生殖繁衍演化成物产丰收；二是受儒家思想影响，莲文化内涵从"莲生子"演化成"莲生贵子"，从而深深烙上了儒家的功名利禄和科举意识的印迹。在传统文化中，"贵"属儒家思想范畴，具体指地位上的高贵与经济上的富贵。因此，"贵子"指男子在政治地位上的"人上人"，经济地位的"富贵人"，即指那些既"扬名声，显父母"又"忠义于朝廷"之人，其价值观是以儒家的"实用理性"为主。

魏晋以来，印度佛莲成为中国士人"内佛外儒"的二重矛盾心理而孕育的产物。后世周敦颐在其理学藩篱内培育的"君子莲"，它的形象在《爱莲说》里作了全面而典型的诠释。在儒家思想中，莲出于淤泥仍保清澄的特性，暗合了士大夫在修身养性上的独善其身和完美人格。莲"有五谷之实，而不有其名，兼百花之长，而各去其短"，它的不事张扬也暗合儒家摒弃华而不实、追求内在美和实用的审美价值。莲，是君子的化身。

第十四章　荷莲故事

荷叶与伞

　　相传，很久以前，世界上没有伞。那时候，人们出门很不方便。夏天，太阳晒得皮肤火辣辣的，下雨天，雨把衣服淋得湿漉漉的。鲁班想帮人们解决这个困难，心里很着急。他心里想：要能做个东西，既能遮太阳又能挡雨，那才好呢。

　　鲁班想了许多天，还是没有想出来。一天，天气热极了，他一边做工，一边抹汗。忽然看见许多小孩子在荷花塘边玩，其中有一个小姑娘摘了一张荷叶，倒过来顶在脑袋上。

　　鲁班觉得挺好玩，就跑过去问她："你头上顶着荷叶干什么呀？"小姑娘说："顶着它就不怕晒了呀。"

　　鲁班抓过一张荷叶来，仔细瞧了又瞧。荷叶圆圆的，一面有放射状的叶脉，朝头上一罩，既轻巧，又凉快。

　　鲁班心里一下亮堂起来。他赶紧跑回家去，找了一根竹子，劈成许多细细的竹条，然后照着荷叶的样子，扎了个架子；又找了一块羊皮，把它剪成圆状，蒙在竹架子上。

　　"好啦，好啦！"他高兴地叫起来，"这东西既能挡雨遮阳，又轻巧。"

　　鲁班把刚做成的东西递给妻子，说："你试试这玩意儿，以后大家出门若带着它，就不怕日晒雨淋了。"

　　鲁班的妻子瞧了瞧，又想了想，说："不错，不过，如果雨停了，太阳下山了，还拿着它走路，可就不方便了。要是能把它收拢起来，那才好呢。"

　　"对，对！"鲁班听了很高兴，就跟妻子一起动手，把它改成可以活动的样子，用时把它撑开，用不着时就把它收拢。这就是咱们今天的伞。

九莲老母与九莲山

　　传说，元始天尊的仙府玄都玉京里有一池莲花，池塘里有个仙女，日日侍奉莲花，和莲花亲如姐妹，玉京里的神仙们都叫她"莲花仙姑"。

　　这天，元始天尊正打坐闭目静养，太乙救苦大帝匆匆忙忙赶来，说太行山南面发生旱灾，三年滴雨不落，山中的泉水都流不出来了。当地民众吃不饱、穿不暖，扶老携幼，逃荒要饭，苦不堪言。

　　元始天尊听后，立马发令，派人下凡到南太行去。正在这时，莲花仙姑来了，对元始天尊说，她愿意下凡去救助受灾难的百姓。

　　元始天尊准了莲花仙姑的请求，对莲花仙姑吩咐说："你去采一朵盛开的莲花，摘下两片莲叶，手持莲花、脚踏莲叶，自会飞腾。待祥云出现时，就将手中的莲花掰下九个花瓣，撒向大地。所落之处，就是你在南太行的落脚修行处，你且在那里施法苦度、保佑众生。"

　　莲花仙姑按元始天尊的吩咐，脚踏莲叶，离开玄都玉京。一缕轻风吹来，耳边呼呼作响。突然，四周出现许多白里透红的祥云把她围住。莲花仙姑把手中的莲花掐下九个花瓣抛向南太行山，眨眼间，花瓣落下的地方突起九座山峰。接着，莲花仙姑落在这九峰中间的一块平地上，然后把手中的莲花撒向四周，后来这里成了一片荷花池。

　　莲花仙姑脚踏的两片荷叶随风向东飘去，飘过深谷，先后落地。她抬头发现山崖上有个山洞，于是就爬山进洞，在这里修行施法救助百姓。

　　她先施法降了一场大雨，不久，山上山下风调雨顺。百姓这才知道山中来了个女神仙，施法布道，救苦救难。于是纷纷上山，一来叩谢女神仙，二来求女神仙赐福、免灾、保平安。

人来人往，日复一日，渐渐地，人们知道了这里的九座山峰是莲花花瓣变化而成，于是把这里叫作九莲山，将九莲山中那块平地叫作九莲台。

过了不知多少年头，这里有人居住了，就叫西莲。那两片莲叶落地的地方，一处叫东莲，一处叫中莲。

荷花三娘子

浙江湖州的宗湘若，是个读书人，特别喜爱荷花。他在村里的私塾教书，旁边有一池塘，每到夏天荷花盛开之时，他常去池边赏荷。一天傍晚他又来到池塘边，几个漂亮女子在池塘中划着小船，边嬉闹边采莲，玩得正欢。见到岸上书生相的宗生，其中一女子主动搭讪道："公子贵庚？是否有妻室？"宗生细看那女子，长得非常秀丽，心里甚是喜欢她。俩人交谈之后，女子对宗生的言谈表示赞许，并心生爱意。宗生觉得时机已到，说："我的书房离这里不远，若不嫌弃，请到那里去坐一会。"女子欣然应道："白天恐怕别人看见会怀疑，我夜里可以去。"她详细问了宗生门前的特征标记，然后急急匆匆地走了。到了夜里一更天，女子果然来到宗生的书房。两人无限欢爱，极其亲热。这样过了很多日子，他们俩的事也没有人知道。

恰巧有个西域僧人住在本村庙里，见到宗生，惊讶地说："你身上带有邪气，曾遇到过什么？"宗生说："没有。"过了几天，宗生忽然得了病。女子每夜都带来好吃的果子点心给宗生吃，并殷勤慰问他，感情像夫妻一样好。但是，与女子多次缠绵后，宗生身患大病，很难承受。心里怀疑这女子可能不是人类，然而又不想让她离去。于是说："以前那个和尚说我被妖怪迷惑我还不信，现在果然病了，他说的话真灵验啊。明天委屈他来一趟，就求他贴符念咒吧。"女子听说后脸色马上变得很凄惨，宗生更加怀疑她。第二天，宗生派仆人把实情向那个西域僧人讲了。僧人说："这是个狐狸，它的道业还很浅，容易捉拿。"于是写了两道符交给家人，并嘱咐说："回去找一个洁净的坛子，放在床前，用一道符贴住坛口。狐狸一旦进入，就赶快在上面盖上一个盆，再把另一道符贴到盆上，然后把坛子放进开水锅里用烈火猛煮，不多时它就会死去的。"仆人回来按照僧人的吩咐办妥了。

夜深了，女子才来到。她从袖子里摸出一些金桔，刚要到床前探问宗生的病情，忽听到坛子口飕飕一声风响，就把女子吸到坛子里边去了。仆人跳起来，迅速盖上盆并贴上符，想放进锅内去煮。宗生看到满地的金桔，想到以前两个人的感情那样好，心生悲凉，急忙叫人把她放了。于是揭了符、拿掉盆，女子从坛内出来，极为狼狈，跪到地上说："我多年修行将要成功，一时几乎化为灰土！您真是个仁义之人，我誓必报答您。"说完就走了。

过了几天，宗生病情更加沉重，奄奄一息的样子。仆人急忙去集市为他购买棺材，在路上遇到了一个女子，女子问他说："你是宗湘若家的仆人吗？"仆人回答说："是啊。"女子又说："宗相公是我的表哥，听说他病得很重，本来想要去探望他，恰巧有事去不了。这里有灵药一包，劳驾你送给他。"仆人接过药拿回家中，宗生想表亲中根本没有姐妹，知道是狐狸来报答他。吃了这药后，病果然好了，十余天身体就完全康复。他心里非常感激狐女，便对空祝祷，希望能再见到她。

一天夜里，宗生关起门来自己喝酒，忽然听到有手指轻弹窗子的声音。拔出闩出门一看，竟是狐女。宗生大喜，攥着她的手并请她坐下共饮。狐女说："分别以来，心中时时不安，思来想去无法报答你的大恩大德。现在我为你找了一个好伴侣，聊以塞责吧！"宗生问："是个什么人啊？"她说："这不是你能知道的。明天辰时，你早一点去南湖，见到有采莲蓬的女子，其中有个穿白绉纱披肩的，就驾船向她急驶过去。如果分辨不清她的去处，就察看堤边，发现一支短杆莲花隐藏在叶子底下，你便采回来，点上蜡烛烧那花蒂就能得到一位美丽的妻子了，同时还能使你长寿。"宗生恭敬地记下了她说的话。狐女要告别，宗生再三挽留她，狐女说："自上次遭到灾难，我就顿悟正道。"说完，便匆匆告辞而去。

宗生按照狐女说的话到了南湖边，看到荷花荡中美丽的女子很多，其中有一个垂发少女，穿着用白绉纱做的披肩，真是个绝代佳人。便迅速划船向她靠近，忽然那女子不知去哪里了。于是宗生拨开荷花从去找，果然有一枝杆长不到一尺的红莲花，便折下来拿回家中。宗生进门把红莲花放到桌子上，将蜡烛芯剪了剪，点上火要去烧花。一回头，莲花变成了美女。宗生又惊又喜，急忙伏地而拜。宗生高兴极了，从此两人情深意笃，和谐无间。家里大箱小箱内常常装满着金银、绸缎，也不知从哪里来的。莲女见了人只是恭敬地打招呼，似乎不善言辞。莲女怀孕十个多月后，计算时日应当分娩了，就走进房内，嘱咐宗生把门关紧，禁止别人叩门。然后自己竟然用刀从肚脐下割开，取出一个男孩，又让宗生撕下块绸缎把伤口包扎好，过了一夜就痊愈了。

　　又过了六七年，莲女对宗生说：“我们前世造下的这段缘分我已报答，请求与你告别了。”宗生一听眼含热泪地说：“你才来我家时，我穷得不能自立，靠着你家里才富起来，你怎么忍心远离呢？况且你也没有亲族，将来儿子不知道母亲在哪里，也是一件很遗憾的事！”莲女伤心地说：“有聚必然有散，这本来就是常事。儿子有福相，你也能活百岁，还再求什么呢？我本姓荷。倘若蒙你思念，抱着我的旧物呼唤‘荷花三娘子’，就能见到我。”说完挣脱出身子来，说了声“我走了”。宗生惊看时，她已飞得高于头顶，宗生急跳起来去拉她，结果抓住了一只鞋。鞋脱下来落到地上，变成了石燕，颜色比朱砂还红，内外晶莹明彻，像水晶一样。宗生拾起来收藏好。翻检箱子，见莲女初来时所穿的自绉纱披肩还在里边。于是每逢怀念她的时候，就抱着披肩呼一声“荷花三娘子”，披肩立即化成莲女，面带笑容，喜在眉梢，犹如真的一样，只是不会说话罢了。

《摸鱼儿·问莲根》

　　《摸鱼儿·问莲根》是金代文学家、诗人、历史学家元好问的词作，这是一首咏物词，词人为泰和年间（公元1201～1208年）并蒂莲的故事所感动，才挥笔写下了这首词，以寄托自己对殉情者的哀思。

　　作者在小序中为读者讲述了一个凄切哀婉的爱情故事。泰和年间，河北大名府（今河北省大名县）有两个青年男女，彼此相爱却遭家人反对，故而投河自尽。由于这一爱情悲剧，后来那年的荷花全都并蒂而开，为此鸣情。故事哀婉，令人动情。这首词就是作者闻听此事后抒发的感想，向争取爱情自由而牺牲的青年男女表示同情，显示作者比较进步开明的思想。

乾隆与才女夏雨荷的故事

　　乾隆六年（公元1741年）夏末秋初，赏荷时节，乾隆皇帝乔装打扮、微服私访来到大明湖。他见大明湖面"接天莲叶无穷碧，映日荷花别样红"，十分高兴，游兴大发。当他行至大明湖东北角时，忽闻荷柳丛中传来悠扬悦耳的古琴之声。

　　他循声而至，见一四面环水、荷莲环绕的大厅。大厅红柱青瓦，厅内摆设古雅，一淡妆女子正在抚琴，琴台旁，香烟袅袅。乾隆见这女子生得姿容秀丽，柳眉凤眼，樱口朱唇，胜过宫中佳丽三千，心中大悦。与之攀谈，该女子谈吐高雅，落落大方，知书达礼。两人谈眼前景致，琴棋书画，诗词文章，十分投机，相见恨晚。这女子名为夏雨荷，是世居湖畔的一个书香门第的大家闺秀。当夏雨荷知道这是皇帝造访时，更是受宠若惊。她对乾隆皇帝十分崇拜，二人遂成知己。乾隆皇帝也在湖畔暂住，他们吟诗作画，抚琴弈棋，荡舟游湖，一来二往，便双双坠入爱河。

一日，风雨忽至，二人在雨荷亭内，听雨打荷叶声如珍珠落玉盘，湖上烟雨朦胧，如诗如画。夏雨荷亲手泡制了一杯荷花茶献给乾隆品尝，这荷花茶是夏雨荷以鲜荷花瓣、嫩荷叶和莲子、冰糖等制成，非同一般。乾隆呷了一口，满口生香，赞叹不已。他一边称赞夏雨荷慧心巧手，一边将随身携带的折扇铺在案头，攒笔蘸墨，勾皴点染，在扇上画成一幅"烟雨图"，并题诗一首："雨后荷花承恩露，满城春色映朝阳。大明湖上风光好，泰岳峰高圣泽长。"写毕，郑重地赠于夏雨荷。夏雨荷是极端聪慧伶俐、善解人意的女子，她深知这段情缘恐难长久，为表明心意，也即在锦帕上写了古乐府诗一首回赠乾隆，诗曰："君当如磐石，妾当如蒲草。蒲草韧如丝，磐石无转移。"这个故事一直在济南流传。

荷花神——西施

六月的荷花神是中国古代有名的美女西施。这一年，西施的国家越国被吴国打败了，越王卧薪尝胆，派人四处搜寻美女，准备送给吴王，以消磨他的斗志。西施被万里挑一地选中了，三年后，她被训练成一名非常出色的美女。越王把西施送给吴王，吴王被西施的美艳倾倒，整日与西施吃喝玩乐，不管国家大事。吴国越来越衰弱，最后被越国打败。被俘的吴王后悔至极，拔剑自杀了。越王把西施接回越国，但王后十分嫉妒西施的美貌，把西施抓到江边、绑上巨石沉入了江底。老百姓都不相信西施会死，传说她做了荷花神，住在一个小岛上，每年采莲时节，都能在湖边采莲的女孩当中看到她。

陆游的莲花梦

嘉泰三年（公元 1203 年），诗人陆游已是七十八岁的老人。9月 14 日这天夜里，陆游在梦中见一故人对他说："我为莲华博士，专管镜湖。如今我要离开了，你能代我掌管月光风露，维护莲花吗？每月你将得到千壶酒作为报偿。"陆游从此不曾忘怀莲花博士的美梦。为此，陆游专门写了一首诗，诗曰："白首归修汗简书，每因囊粟戏侏儒。不知月给千壶酒，得似莲华博士无？"几年后陆游病重，又做起莲花梦。梦中，他行走在万顷荷花中，悠然自得，十分惬意。临终前有诗作《梦行荷花万顷中》："天风无际路茫茫，老作月王风露郎。只把千樽为月奉，为嫌铜臭杂花香。"他梦到自己在天风无际的茫茫路上御风而行，到天上当了管理荷花的月王风露郎官。他只愿意以千樽美酒作为每月的工资，怕铜臭污染了荷花的清香。诗人借花述怀自己品格的高洁。

在诗人梦中的荷花世界里，人们没有尊卑，没有贵贱，不分老少，不分强弱。人们如同患了梦游症般，绕着那莲花池，或饮酒赏荷，或载歌载舞，无休无止，追逐那个奇幻无比、充满了爱的梦幻之境。

莲花化身——哪吒

商朝时期，陈塘关有一个总兵名叫李靖。他手握兵权，又有两个可爱的儿子，原本过得很幸福，可有一件事让他发愁了三年。原来，他的妻子怀孕长达三年零六个月，可孩子就是不出世。

一天晚上，妻子终于临盆了，可当李靖看到生下来的是一个圆溜溜的肉球时，他失望极了。

"这一定是个妖怪，我不能留下它！"说着，李靖拔剑向肉球劈去，没想到竟从里面跳出一个又白又胖的男孩。

男孩左手拿着个金镯子，肚子上围着块红绫，李靖见了又惊又喜。小男孩扑到李靖怀里，用他那肉肉的小手摸李靖的脸。李靖一下就心软了，忍不住抱起孩子，给夫人看。夫妻俩看到孩子那么可爱，都很欢喜。

第二天，陈塘关的官员们都来庆贺李靖得了个儿子，一位道人也来了。这位道人是乾元山金光洞的太乙真人，他给孩子取名叫哪吒，并收哪吒做了徒弟。其实哪吒原本就是太乙真人的徒弟灵珠子转世，他手上戴的金镯子是乾坤圈，身上围的红绫是混天绫。

一转眼哪吒七岁了。这年夏季的一天，天气热极了，他到九弯河去洗澡。这条河直通东海，哪吒拿着混天绫在河里一晃，河里立刻掀起大浪，把东海龙王的水晶宫搅得东倒西歪。龙王派巡海夜叉和龙太子去捉拿哪吒，却都被哪吒用乾坤圈打死。

龙王气得暴跳如雷，立即叫来西海、南海和北海三位龙王，带着虾兵蟹将，把陈塘关围了起来，要李靖把哪吒交出来。龙王恶狠狠地说："李靖，你竟然纵容逆子搅乱我龙宫，杀我孩儿，现在我要约齐四海龙王去天庭告状，治你们全家的罪！"

几天后，东海龙王又带着更多的虾兵蟹将来了，吼叫道："玉帝已准奏，你们犯下死罪！"说完，便命兵将把李靖夫妇捆绑起来。

哪吒生气地说："快放开我父母！不许你们伤害他们。"

东海龙王叫道："那好，你偿命来！"

"我一人做事一人当！我愿意用自己的生命换回父母！"哪吒大喊着抽出了宝剑，回头又对父母说，"父亲、母亲，你们的养育之恩，孩儿来世再报！"说完，他自刎而死。四海龙王这才放了李靖夫妇，心满意足地回去了。

太乙真人听说哪吒死了，便用荷花、莲蓬和嫩藕摆成一个人的形状，大声喊道："哪吒，哪吒，快快起来！"

只见那荷花、莲蓬和嫩藕马上变成了一个人，活脱脱又是个可爱、勇敢的哪吒。太乙真人另外送给了哪吒一支火尖枪和两只风火轮。

从此，哪吒手持火尖枪，脚踩风火轮，走起路来像飞一样，他的本领更大了。

许地山的《七宝池上的乡思》

这篇许地山的诗歌很精彩，诗歌饱含了作者丰富的想象力，将莲界及佛缘巧妙结合，值得细细品读。

弥陀说："极乐世界的池上，何来凄切的泣声？迦陵频迦，你下去看看是谁这样猖狂。"

于是迦陵频迦鼓着翅膀，飞到池边一颗宝树上，还歇在那里，引颈下望："咦，佛子，你岂忘了这里是天堂？你岂不爱这里的宝林成行，树上的花花相对，叶叶相当？你岂不闻这里有等等妙音充耳，岂不见这里有等等庄严宝相？住这样俱足的乐土，为何竟自悲伤？"

坐在宝莲上的少妇还自啜泣，合掌回答说："大士，这里是你的故乡，在你，当然不觉得有何等苦况。我的故乡是在人间，怎能教我不哭着想？

"我要来的时候，我全身都冷却了；但我的夫君，还用他温暖的手将我搂抱；用他融溶的泪滴在我额头。

"我要来的时候，我全身都挺直了；但我的夫君，还把我的四肢来回曲挠。

"我要来的时候，我全身的颜色，已变得直如死灰；但我的夫君还用指头压我的两颊，看看从前的粉红色能否复回。

"现在我整天坐在这里，不时听见他的悲啼。唉，我额上的泪痕，我臂上的暖气，我脸上的颜色，我全身的关节，都因着我夫君的声音，烧起来，溶起来了！我指望来这里享受快乐，现在反憔悴了！

"呀，我要回去，我要回去，我要回去止住他的悲啼。我巴不得现在就回去止住他的悲啼。"

迦陵频迦说："你且静一静，我为你吹起天笙，把你心中愁闷的垒块平一平；且化你耳边的悲啼为欢声。你且静一静，我为你吹这天笙。"

"你的声不能变为爱的喷泉，不能灭我身上一切爱痕的烈焰；

也不能变为忘的深渊，使他将一切情愫投入里头，不再将人惦念。我还得回去和他相见，去解他的眷恋。"

"哦，你这样有情，谁还能对你劝说向你拦禁？回去罢，须记得这就是轮回因。"

弥陀说："善哉，迦陵！你乃能为他说这大因缘！纵然碎世界为微尘，这微尘中也住着无量有情。所以世界不尽，有情不尽；有情不尽，轮回不尽；轮回不尽，济度不尽；济度不尽，乐土乃能显现不尽。"

话说完，莲瓣渐把少妇裹起来，再合成一朵菡萏低垂着。微风一吹，她荏弱得支持不住，便坠入池里。

迦陵频迦好像记不得这事，在那花花相对、叶叶相当的林中，向着别的有情歌唱去了。

参考文献

1. 周裕苍，周裕幹 . 荷事：中国的荷文化 [M]. 济南：山东画报出版社，2009.

2. 仲富兰 . 中国民俗文化学导论 [M]. 上海：上海辞书出版社，2007.

3. 王其超 . 灿烂的荷文化 [M]. 北京：中国林业出版社，2001.

4. 陈旸，龙正才 . 中华莲文化 [M]. 长沙：湖南人民出版社，1997.

5. 张义君 . 荷花 [M]. 北京：中国林业出版社，2004.

6. 陈旸，薛蒐 . 中华莲文博览 [M]. 广州：花城出版社，2006.

7. 俞香顺 . 中国荷花审美文化研究 [M]. 成都：巴蜀书社，2005.

8. 李志言，林正秋 . 中国荷文化 [M]. 杭州：浙江人民出版社，1995.

9. 刘亭 . 花袭人 [M]. 广州：广东南方日报出版社，2002.

10. 宗白华 . 美学散步 [M]. 上海：上海人民出版社，1981.

11. 唐家路 . 中国莲纹图谱 [M]. 北京：北京工业美术出版社，2000.

12. 谭兴贵，廖泉清 . 莲子 [M]. 天津：天津科学技术出版社，2010.

13. 王力建 . 荷和天下 [M]. 北京：中国摄影出版社，2008.

14. 姚文放 . 审美文化学导论 [M]. 北京：社会科学文献出版社，2011.

15. 王其超，张行言. 荷花 [M]. 上海：上海科学技术出版社，1998.

16. 闻玉智，刘大群. 中国历代写荷百家 [M]. 哈尔滨：黑龙江美术出版社，2001.

17. 曾葡，胡筠，王荣. 集字题画诗词·荷花 [M]. 武汉：湖北美术出版社，2015.

18. 叶嘉莹. 荷花五讲 [M]. 北京：商务印书馆，2015.

19. [日] 市川桃子. 荷与莲的文化史——古典诗歌中的植物名研究 [M]. 蒋宪，刘宁，等，译. 北京：中华书局，2014.

20. 王力健. 中国历代咏荷诗文集成 [M]. 济南：齐鲁书社，2011.

21. 蔡晓璐. 论乐之韵：中国古典音乐艺术精神研究 [M]. 北京：中国发展出版社，2015.

22. [美] 亨德里克·房龙. 人类的艺术大全集 [M]. 李龙机，译. 西安：陕西师范大学出版社，2010.

23. 王其超. 舒红集 [M]. 北京：中国林业出版社，2006.

24. 王其超. 中国荷花品种图志 [M]. 北京：中国林业出版社，2005.

25. 张行言，陈龙清，王其超. 中国荷花新品种图志 I [M]. 北京：中国林业出版社，2011.

26. 忽思慧. 饮膳正要译注 [M]. 张秉伦，方晓阳，译注. 上海：上海古籍出版社，2014.

27. 姜子夫. 禅诗精选 [高僧卷][M]. 北京：大众文艺出版社，2005.

28. 盛庆斌. 汉魏六朝诗鉴赏 [M]. 呼和浩特：内蒙古人民出版社，2008.

29. 盛庆斌. 诗经楚辞鉴赏 [M]. 呼和浩特：内蒙古人民出版社，2008.

30. 何小颜. 花与中国文化 [M]. 北京：人民出版社，1999.

31. 高占祥 . 咏荷四百首 [M]. 深圳：海天出版社 , 1997.

32. 高占祥 . 咏荷诗五百首 [M]. 石家庄：河北美术出版社 .1999.

33. 高占祥 . 荷花大观 [M]. 石家庄：河北美术出版社 , 1999.

34. 高占祥 . 莲之恋：高占祥咏荷诗歌曲集 [M]. 北京：人民音乐出版社 , 1999.

35. 袁承志 . 风格与象征——魏晋南北朝莲花图像研究 [D]. 北京：清华大学 , 2004.

36. 孔德政 . 荷花的民族植物学及河南地区品种资源研究 [D]. 郑州：河南农业大学 , 2011.

37. 丁文月 . 试论莲纹在现代服饰设计中的运用 [D]. 苏州：苏州大学，2012.

38. 张淑蘅 . 中国本土莲花图纹的生成及象征意义 [J]. 时代文学，2011（2）.

39. 李姗姗 . 中国魏晋南北朝时期莲花图案研究 [D]. 北京：北京林业大学 , 2015.

40. 诸葛忆兵 . "采莲"杂考——兼谈"采莲"类题材唐宋诗词的阅读理解 [J]. 文学遗产，2003（5）.

41. 王慧 . 楚辞莲荷意象研究 [J]. 艺海 , 2008（3）.

42. 石小玲 . 莲花意象的演变与中学语文教材中莲文化的魅力 [D]. 武汉：华中师范大学，2011.

43. 魏永清 . 清三代瓷器莲花纹装饰特征研究 [D]. 景德镇：景德镇陶瓷学院，2010.

44. 王莉 . 唐宋陶瓷莲花纹的比较研究 [D]. 景德镇：景德镇陶瓷学院，2013.

45. 刘寒雪 . 中国古代陶瓷荷花纹装饰特征演变研究 [D]. 景德镇：

景德镇陶瓷学院，2009.

46. 张薇，王其超．中国古代装饰工艺领域的荷文化［J］．中国园林，2001.

47. 鲁方．中国出土瓷器莲纹研究［D］．广州：暨南大学，2012.

48. 何旭冉．晚唐五代莲荷诗的基本内蕴研究［D］．长沙：湖南大学，2012.

49. 黄清泉．读周敦颐的爱莲说［J］．语文教学与研究，1979（4）.

50. 俞香顺．荷花楚辞原型意义探讨［J］．云梦学刊，2003（6）.

51. 张玉环．荷花的花文化及园林应用［J］．现代农业科技，2009(4).

52. 马静．当代新彩荷花装饰创新研究［D］．景德镇：景德镇陶瓷学院，2014.

53. 蒋赏．中国传统莲花纹饰——审美特征及设计思想［D］．西安：西安美术学院，2008.

54. 罗霓霞．晚唐荷花诗与佛教［J］．湘潭师范学院学报（社会科学版），2009（1）.

55. 马倩，潘华顺．古代莲文化的内涵及其演变分析［J］．天水师范学院学报，2001（1）.

56. 刘丽丹．浅析古代诗歌中的荷花意象［J］．湖北广播电视大学学报，2008.

57. 朱荣梅，杨亚丽．《诗经》女性审美传统的文化意蕴［J］．西北农林科技大学学报（社会科学版），2008(04).

58. 刘丽丹．浅析古代诗歌中的意象［J］．湖北广播电视大学学报2008，28(3).

59. 杨青．黄永玉荷花绘画题材研究［D］．昆明：云南艺术学院，2014.

60. 郭荣梅. 宋前诗歌中莲花文学意象研究 [D]. 南京：南京师范大学，2007.

61. 孟修祥. 论中国文学中的莲荷意象 [J]. 荆州师专学报（社会科学版），1997（4）.

62. 梁爽. 乾隆时期圆明园荷景研究 [D]. 武汉：华中农业大学，2012.

图书在版编目（CIP）数据

荷莲文化漫步 / 曾宪宝等著. —武汉：华中科技大学出版社，2020.6
ISBN 978-7-5680-5339-6

Ⅰ. ①荷… Ⅱ. ①曾… Ⅲ. ①荷花－文化－中国 Ⅳ. ① S682.32

中国版本图书馆 CIP 数据核字（2019）第 154878 号

荷莲文化漫步

Helian Wenhua Manbu

曾宪宝 王小周 李娜 著

策划编辑：杨 静 陈心玉
责任编辑：陈心玉
封面设计：璞 间
责任校对：张会军
责任监印：朱 玢
出版发行：华中科技大学出版社（中国·武汉） 电话： (027) 81321913
　　　　　武汉市东湖新技术开发区华工科技园 邮编： 430223
录　排：华中科技大学惠友文印中心
印　刷：中华商务联合印刷（广东）有限公司
开　本：880mm×1230mm 1/32
印　张：7
字　数：154 千字
版　次：2020 年 6 月第 1 版第 1 次印刷
定　价：69.00 元